水电水利规划设计总院
China Renewable Energy Engineering Institute

中国可再生能源 工程造价管理报告

2023年度

CHINA RENEWABLE ENERGY
ENGINEERING COST MANAGEMENT REPORT

水电水利规划设计总院
可再生能源定额站 编

U0212780

中国水利水电出版社
www.waterpub.com.cn
·北京·

图书在版编目（CIP）数据

中国可再生能源工程造价管理报告. 2023年度 / 水
电水利规划设计总院，可再生能源定额站编. -- 北京：
中国水利水电出版社，2024.6. -- ISBN 978-7-5226
-2504-1

Ⅰ. TK01

中国国家版本馆CIP数据核字第20249PV878号

书　　名	**中国可再生能源工程造价管理报告 2023 年度** ZHONGGUO KEZAISHENG NENGYUAN GONGCHENG ZAOJIA GUANLI BAOGAO 2023 NIANDU
作　　者	水电水利规划设计总院　可再生能源定额站　编
出版发行	中国水利水电出版社 （北京市海淀区玉渊潭南路 1 号 D 座　100038） 网址：www.waterpub.com.cn E-mail：sales@mwr.gov.cn 电话：(010) 68545888（营销中心）
经　　售	北京科水图书销售有限公司 电话：(010) 68545874、63202643 全国各地新华书店和相关出版物销售网点
排　　版	中国水利水电出版社微机排版中心
印　　刷	北京科信印刷有限公司
规　　格	210mm×285mm　16 开本　5.75 印张　138 千字
版　　次	2024 年 6 月第 1 版　2024 年 6 月第 1 次印刷
定　　价	**198.00 元**

前　言

　　水电、风电和太阳能发电等可再生能源作为建设能源强国的中坚力量、构建新型能源体系的基石和稳定器，近年来取得了长足发展。2023 年，在党中央、国务院的坚强领导下，中国可再生能源事业再次迈上新台阶，全国可再生能源新增装机容量 3.03 亿 kW，累计装机容量达到 15.17 亿 kW，占全国发电总装机容量的 51.9%。以风电、太阳能发电为主的新能源总装机容量突破 10 亿 kW，成为中国可再生能源发展的主力军。2023 年，全国主要发电企业可再生能源电源工程完成投资超过 7697 亿元，约占全部电源工程投资的 80%。

　　随着可再生能源事业的蓬勃发展，工程造价管理在服务国家能源规划和布局、提供固定资产投资规模确定和控制依据、支撑项目方案技术经济比选等方面的作用也日益凸显。工程造价管理作为工程建设经济运行活动的重要组成部分，其工作贯穿于项目前期投资决策以及工程建设全过程，事关项目投资效益、建设市场秩序以及各方利益。加强工程造价管理是保障可再生能源工程建设投资合理有效管控、全面提升工程建设投资效率效益的重要抓手，也是构建健康有序建设投资市场环境的有力支撑。

　　为履行行业管理的使命职责，促进工程造价专业进步，推动可再生能源事业发展，更好地服务国家"双碳"目标的实现，可再生能源定额站对 2023 年度工程造价管理有关情况进行了系统梳理、分析和总结，编制完成了《中国可再生能源工程造价管理报告 2023 年度》（以下简称《报告》）。

　　《报告》重点针对 2023 年度可再生能源工程造价水平进行了多维度、系统性的分析，并对未来的变化趋势进行了客观的预测。同时也对水电、新能源发电有关电价政策及电价水平进行了梳理和分析，总结了 2023 年定额标准管理、行业综合管理与服务工作开展情况，展示了近期工程造价热点问题研究成果，在此基础上，对行业发展前景进行了展望。

　　《报告》力求全面、客观、精炼反映可再生能源工程造价水平以及管理动态，为政府有关部门加强行业监管、制定产业政策贡献智慧和力量，为有关企业、机构指引专业发展、推动造价管理理念提升、掌握工程造价水平及发展趋势提供支撑和参考。因经验有限且为首次编制，《报告》难免有疏漏之处，恳请行业各界批评指正，提出意见和建议，我们将在下一年度《报告》中吸纳改进。同时，在此也对长期以来支持、关注可再生能源定额站有关工作的能源主管部门、市场监管部门、相关企业、有关机构谨致衷心的谢意。 我们将进一步加强与各方的交流与合作，齐心协力、携手并进，共同推动可再生能源工程造价管理工作不断向前发展，为美丽中国建设贡献绿色力量。

水电水利规划设计总院

可再生能源定额站

2024 年 5 月 31 日

目 录

1 发展综述

（1）2023年国民经济回升向好，绿色低碳转型成效显著

2023年，中国顶住外部压力、克服内部困难，国民经济回升向好，高质量发展扎实推进，主要预期目标圆满实现，全面建设社会主义现代化国家迈出坚实步伐。全年国内生产总值（GDP）1260582亿元，同比增长5.2%（图1.1），在世界主要经济体中名列前茅；绿色低碳转型成效显著，太阳能电池、新能源汽车、发电机组（发电设备）产品产量分别增长54.0%、30.3%、28.5%；大项目投资发挥主引擎作用，计划总投资亿元及以上项目投资比上年增长9.3%，增速比全部固定资产投资高6.3个百分点；全年全国居民消费价格指数（CPI）比上年上涨0.2%，核心CPI总体平稳。全国工业生产者出厂价格指数（PPI）同比下降，下半年降幅收窄，全年PPI比上年下降3.0%。

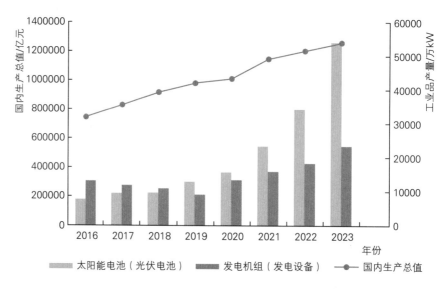

图1.1 2016—2023年中国国内生产总值及太阳能电池、发电机组产品产量年度增长情况

（2）中国可再生能源迎来跨越式发展，累计装机规模历史性超过火电装机规模

2023年，中国可再生能源迎来跨越式发展，全国可再生能源新增装机容量3.03亿kW，累计装机规模达到15.17亿kW，占全国发电总装机容量的51.9%，累计装机规模历史性超过火电，在全球可再生能源发电总装机容量中的比重接近40%。以风电、太阳能为主的新能源总装机容量突破10亿kW，成为中国可再生能源发展的主力军。

以风电、太阳能为主的新能源总装机容量突破

10 亿 kW

成为中国可再生能源发展的主力军

可再生能源发电装机容量中，水电装机容量 42154 万 kW（含抽水蓄能 5094 万 kW），占全部发电装机容量的 14.4%；风电装机容量 44134 万 kW，占比 15.1%；太阳能发电装机容量 60949 万 kW，占比 20.9%；生物质发电装机容量 4414 万 kW，占比 1.5%。太阳能发电累计装机规模在 2022 年首次超过风电， 2023 年首次超过常规水电，跃居第二。2023 年中国各类电源装机容量及占比如图 1.2 所示。

太阳能发电装机容量

60949 万 kW

占比

20.9%

装机规模首次超过常规水电

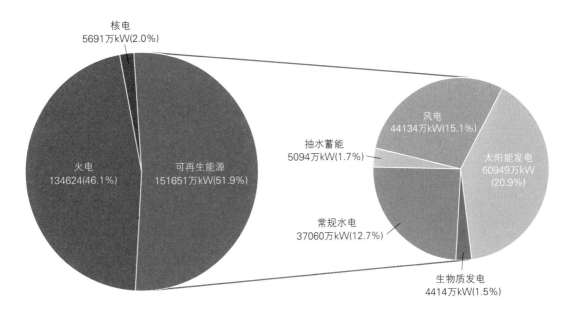

图 1.2　2023 年中国各类电源装机容量及占比

（3）可再生能源发电投资超预期，太阳能发电和风电建设项目投资增速显著

2023 年，全国主要可再生能源电源工程完成投资超过 7697 亿元，约占全部电源工程投资的 80%。主要发电企业太阳能发电工程完成投资 3974 亿元，占全部电源工程投资的 41.1，在各类电源完成投资中连续两年位列第一；其次为风电，完成投资 2564 亿元，占比 26.5%；水电完成投资 991 亿元，占比 10.2%。 2022—2023 年可再生能源电源工程完成投资额情况如图 1.3 所示。

从投资增速来看，太阳能发电和风电建设项目投资增速显著，同比增长分别达到 38.7%、 27.5%。水电工程建设投资完成额同比增长 13.6%。

2023 年，全国主要可再生能源电源工程完成投资超过

7697 亿元

约占全部电源工程投资的

80%

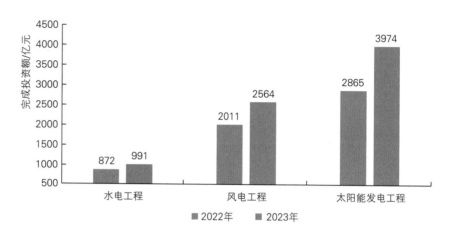

图 1.3　2022—2023 年可再生能源电源工程完成投资额情况

（4）重大工程建设全面推进，多项核心技术实现突破

2023 年，中国可再生能源项目建设成效显著。常规水电站稳妥推进，玛尔挡水电站开始蓄水，两河口水电站首次蓄水到正常蓄水位附近；抽水蓄能高质量发展，核准在建项目规模再上新台阶；"沙戈荒"风光大基地项目建设初显成效，陆上风电、海上风电呈现大基地化、集群化发展趋势；新型储能蓬勃发展。

水电方面，中国首台 15 万 kW 大型冲击式转轮投产运行，构建了拥有自主知识产权的冲击式转轮研发设计制造体系；大兆瓦级海上风电整机自主研发设计能力显著提升，攻克了 16～18MW 海上风电机组的关键技术难题；新型高效太阳能电池量产化转换效率显著提升；"双塔一机"塔式光热发电技术和大开口槽式集热器技术可有效提升发电效率；储能技术装备取得新进展，压缩空气储能电站迈入单机 300MW 时代。

（5）抽水蓄能造价水平总体稳定，新能源项目单位造价进一步下降

常规水电受河段控制性工程影响，年度核准项目单位造价相对偏高；抽水蓄能造价水平总体稳定，主流规模区间电站单位造价基本持平；陆上风电项目单位造价进一步下降，海上风电项目单位造价呈震荡下行趋势；集中式光伏电站项目单位造价降幅明显；光热发电项目单位造价持续下降；压缩空气储能近期项目造价水平较早期明显降低；生物质发电因发展规模有限，单位造价趋于平稳；可再生能源电解水制氢项目单位造价降幅明显。 2011—2023 年可再生能源工程项目单位千瓦总投资年度平均值变化情况如图 1.4 所示。

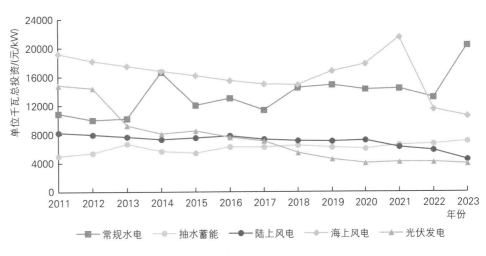

图 1.4　2011—2023 年可再生能源工程项目单位千瓦总投资
年度平均值变化情况

（6）电力市场建设加快推进，可再生能源市场化交易比例逐步扩大

中国电力市场化改革深入推进，竞争性环节电力价格加快放开。 常规水电上网电价政策呈现多样化格局，通过参与电力市场交易形成上网电价的水电电量比例逐步增大；抽水蓄能两部制电价机制落地实施，形成政策闭环，实现了抽水蓄能价格管理机制化、制度化；新能源加速入市，2023 年新能源市场化交易电量 6845 亿 kW·h，占新能源总发电量的47.3%。 电力市场建设加快推进，可再生能源市场化交易比例逐步扩大，可再生能源工程项目成本控制面临着新的挑战和要求。

2023 年新能源市场化交易
电量

6845 亿 kW·h

占新能源总发电量的
47.3%

（7）可再生能源工程定额标准体系不断发展完善，多元化定额标准供给体系逐步形成

通过水电工程、风电场工程及光伏、太阳能热发电工程设计概算编制规定、费用标准和配套概算定额等一系列定额标准的制定修订工作，目前已经基本建立可再生能源工程定额标准体系框架和内容，相关成果在统一造价标准、规范各项工作、促进项目建设方面发挥了重要作用。

同时，工程造价类团体标准、企业定额标准研究制定工作也在逐渐兴起并快速发展，对国家标准、行业标准形成有益补充，多元化定额标准供给体系逐步形成。 在行业各界的共同推动下，定额标准体系不断发展完善。

（8）工程造价业务营业收入稳步增长，业务形态不断延伸拓展

2023 年，在抽水蓄能、新能源蓬勃发展的带动下，工程造价业务营业收入也迎来稳步增长。 水电工程领域造价业务仍为主营业务，新能源领域工程造价业务较 2022 年大幅增加。 实施阶段造价业务已超过前期阶段。

在传统造价业务之外，全过程造价咨询、工程竣工决算专项验收、项目后评价、执行概算编制、完工总结算编制、合同商务问题咨询，以及"四新技术"施工工效测定与成本分析等研究咨询类业务也在不断拓展延伸，适应行业发展要求。

（9）行业服务内容不断丰富，能力评价机制初步构建

在继续做好工程造价咨询企业信用评价、注册造价工程师管理等行业综合管理和服务工作的前提下，可再生能源工程造价培训活动持续组织开展。 面对行业新形势，培训班授课内容也在不断与时俱进、开拓创新，由传统的水电工程造价编制向水电及新能源工程造价综合管理全面拓展。

2023 年，可再生能源定额站顺应人才评价机制改革要求，在广泛征求意见的基础上制定并发布了《可再生能源工程造价人员专业技术能力评价管理办法》，初步构建可再生能源工程造价专业人员能力评价机制。

2 工程造价水平年度分析

2.1 常规水电工程

常规水电受河段控制性工程影响，年度核准项目单位造价相对偏高

常规水电受河段控制性工程影响，年度核准项目单位造价相对偏高。 2023 年，累计核准常规水电项目 4 个，总装机容量 414.6 万 kW，同比上升 38.2%。 平均单位千瓦总投资为 20344 元/kW，相对较高，主要是由于核准电站中存在 1 个河段控制性工程项目，库容及枢纽建筑物规模较大，且位于流域上游高海拔地区，总体开发建设难度较大。 其余 3 个项目规模相对较小，受建设条件等因素影响，单位造价较 2022 年平均水平也有所上涨。

根据统计数据，常规水电项目单位千瓦静态投资区间为 12338～18007 元/kW，个体差异性较为显著。 项目投资主要集中于土建工程（建筑工程、施工辅助工程），占静态投资比例达 46.5%～56.9%，表明地质地形等建设条件对工程投资影响较大；其次为设备及安装工程投资，占比为 9.1%～19.0%。 部分项目建设征地及移民安置补偿费用亦较为突出，最高占比达 12.2%。

2023 年核准常规水电站项目静态投资各分项单位造价及所占比例见表 2.1 及图 2.1。

表 2.1	2023 年核准常规水电站项目静态投资各分项单位造价及所占比例		
序号	项 目 名 称	单位造价 /(元/kW)	所占比例 /%
一	土建工程	5777～10187	46.5～56.9
1	施工辅助工程	1496～2810	10.1～15.6
2	建筑工程	4053～7377	32.4～46.8
二	环水保专项工程	578～814	4.1～5.5
三	设备及安装工程	1637～3190	9.1～19.0
1	机电设备及安装工程	1223～2589	6.8～15.2
2	金属结构设备及安装工程	414～601	2.3～4.8
四	建设征地及移民安置补偿费用	248～1610	1.7～12.2
五	独立费用	1477～3086	12.0～17.1
六	基本预备费	583～943	4.6～5.5
	静态投资	12338～18007	

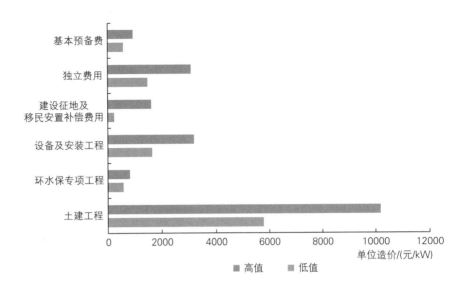

图 2.1　2023 年核准常规水电站项目静态投资各分项单位造价

2.2 抽水蓄能电站工程

抽水蓄能电站项目造价水平总体稳定

抽水蓄能电站项目造价水平总体稳定。 2023 年全国共核准 49 个抽水蓄能电站工程项目，总装机容量 6342.5 万 kW，平均单位千瓦总投资为 7041 元/kW，其中 29 个项目（3770 万 kW）低于 7000 元/kW， 44 个项目（5907.8 万 kW）低于 8000 元/kW，详见图 2.2。

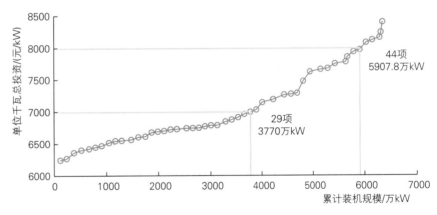

图 2.2　2023 年核准抽水蓄能电站项目单位千瓦总投资统计图

2023 年抽水蓄能电站项目平均单位千瓦总投资较 2022 年上涨 5.3%。从装机规模分区间对比情况来看，如图 2.3 所示， 50 万 kW 以下电站平均单位千瓦总投资较 2022 年降低 8%， 50 万～100 万 kW 区间 2023 年度无核准项目， 100 万～150 万 kW 区间电站（占核准项目总装机比例 74.9%）平均单位千瓦总投资基本持平， 150 万～200 万 kW 区间电站平均单位千瓦总投资较 2022 年上涨 11.4%， 200 万～360 万 kW 区间电站由于有两项位于新疆地区，建设条件较差，导致该区间较 2022 年上涨 19.2%，带动 2023 年平均单位千瓦总投资水平略有上涨。（注： 上述装机规模范围包含下限值，不包含上限值。）

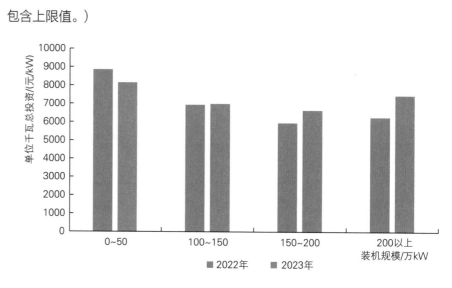

图 2.3　2022—2023 年核准抽水蓄能电站项目分区间单位千瓦总投资对比图

（1）抽水蓄能电站项目投资构成中土建工程投资占比最高，达 44.8%

　　2023 年抽水蓄能电站平均单位千瓦静态投资为 5857 元/kW。 其中，土建工程投资占比最高，达 44.8%；机电部分因采用可逆式水泵水轮机、发电电动机，机组单价较高，导致机电设备单位造价较常规水电更高，占比为 27.6%；抽水蓄能电站涉及环境影响因素较少，且水库淹没影响范围较小，因此环境保护、建设征地及移民安置补偿费用占比较小，分别在 2.6% 和 3.5% 左右。 抽水蓄能电站项目静态投资各分项单位造价及占比详见表 2.2 和图 2.4。

表 2.2	抽水蓄能电站项目静态投资各分项单位造价及占比		
序号	项 目 名 称	单位造价/(元/kW)	所占比例/%
一	土建工程	2622	44.8
1	施工辅助工程	440	7.5
2	建筑工程	2182	37.3
二	环水保专项工程	151	2.6
三	设备及安装工程	1614	27.6
1	机电设备及安装工程	1324	22.6
2	金属结构设备及安装工程	291	5.0

续表

序号	项目名称	单位造价/(元/kW)	所占比例/%
四	建设征地及移民安置补偿费用	206	3.5
五	独立费用	928	15.8
六	基本预备费	335	5.7
	静态投资	5857	100

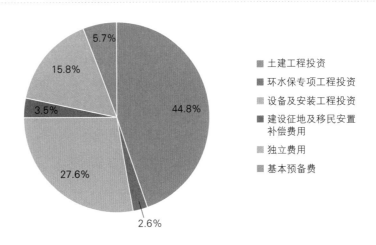

图 2.4　2023 年核准抽水蓄能电站项目静态投资各分项占比

建筑工程投资中，上、下水库工程投资占比最大，合计为 37.2%；其次为输水建筑物，占比 20.0%；第三为交通工程，占比 15.9%，详见表 2.3。

表 2.3　　建筑工程各分项工程单位造价及所占比例

序号	项目名称	单位造价/(元/kW)	所占比例/%
一	建筑工程	2182	100
1	上水库工程	490	22.5
2	下水库工程	321	14.7
3	输水建筑物	437	20.0
4	发电建筑物	246	11.3
5	升压变电建筑物	115	5.3
6	交通工程	346	15.9
7	房屋建筑工程	95	4.3
8	其他部分	132	6.0

抽水蓄能电站上、下水库多为开挖、筑坝围挡形成的水库，土石方开挖、填筑、库坝防渗投资较高，因此单位造价较高。地下工程部分特别是地下厂房内部设计原则、布置格局相对较为统一，共性较多，单位造价水平差异性不大。交通工程包含上、下水库连接公路，进场公路，进厂交通洞等，因隧洞占比较大，因此整体单位造价较高。

（2）抽水蓄能电站规模效应较为明显，基本呈现单位造价随规模增大而逐渐降低的规律

装机规模 50 万 kW 以下的抽蓄项目单位千瓦静态投资最高，平均为 7250 元/kW，随装机规模增加，单位千瓦静态投资逐步降低，装机规模为 120 万 kW 的项目单位千瓦静态投资降低至 5764 元/kW，180 万 kW 项目单位千瓦静态投资进一步降低至 5489 元/kW，但 210 万 kW 项目单位千瓦静态投资又抬升为 6128 元/kW，主要是因为该区间有两座蓄能电站位于新疆地区，建设条件较差，单位造价较高，对该区间整体单位造价影响较大，详见图 2.5。

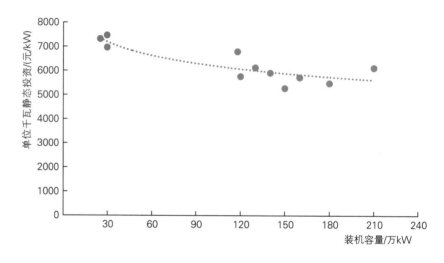

图 2.5 2023 年核准抽水蓄能电站项目不同装机规模平均单位千瓦静态投资

（3）西北地区抽水蓄能电站单位造价明显高于其他地区，华中、南方地区单位造价相对较低

北方地区因岩石风化、库区渗漏问题严重且水资源匮乏，多采用混凝土面板、沥青混凝土面板全库盆防渗型式，库盆防渗工程投资较大，单位造价较高。特别是西北地区，水资源稀缺，一般需要设置补水工程并承担水权费用，同时现阶段要求抽水蓄能电站自建 750kV 升压站接入电网，导致机电设备及整体投资较高，电站总体单位造价明显高于其他

地区。华中、南方区域建设条件较好且水资源丰富，单位造价水平较低。不同区域抽水蓄能电站项目单位千瓦静态投资详见图2.6。

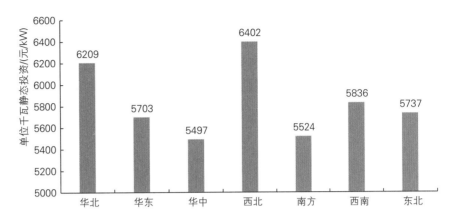

图2.6 不同区域抽水蓄能电站项目单位千瓦静态投资

2023年核准抽水蓄能电站项目中，13项需单独修建补水工程，投资额在1400万～2亿元区间，多数在5000万元左右。影响补水系统投资的主要因素是抽水蓄能项目与水源之间的距离及水源集水方式。如某抽水蓄能电站补水工程，距水源12km，需要单独建造输水隧洞、长距离铺设管道及修建维护道路，同时取水口位置需筑坝集水，导致投资较高。由图2.7可见（为显示相对关系，图中已剔除西北地区一项补水工程投资为2亿元的抽水蓄能项目），西北地区抽水蓄能电站建设补水工程相对较多，且工程投资相对较大。

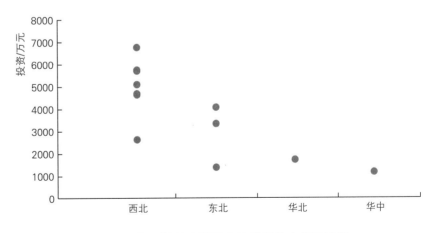

图2.7 各区域抽水蓄能电站项目补水工程投资

（4）成库条件对抽水蓄能电站投资影响较大，单位造价与开挖库容比基本呈正相关关系

上、下水库库容开挖量与调节库容的比值（简称"开挖库容比"）

可用于表征抽水蓄能站点成库条件。开挖库容比越小，意味着形成单方调节库容所需的开挖工程量越小，成库条件越好。抽水蓄能站点优先选择天然库盆地形作为上、下水库，但部分地区地形条件相对较差，需采取人工开挖库盆成库，导致开挖工程量大，投资相对较高。根据 120 万 kW 装机项目分析情况来看，开挖库容比主要集中于 0.3～1 区间，部分项目达到 1.7。由图 2.8 可见，成库条件对抽水蓄能电站投资影响较大，单位千瓦静态投资与开挖库容比基本呈正相关关系，个别项目因受其他因素叠加影响，略有偏离。

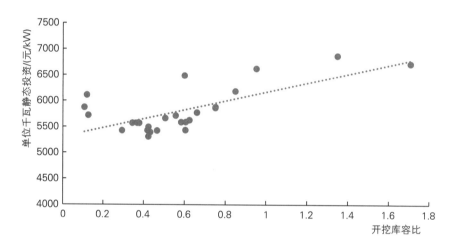

图 2.8　抽水蓄能电站项目（120 万 kW 装机）单位千瓦静态投资与开挖库容比的关系

同等装机规模下，利用已建水库建设抽水蓄能电站一定程度上能够节约库盆开挖、防渗、大坝填筑及相应辅助工程投资，但对项目总体造价水平影响有限。2023 年核准的 3 个混合式抽水蓄能电站项目，利用已建水库，减少上、下水库大坝相关投资约 1700 元/kW。但混合式抽水蓄能电站输水系统布置、额定水头受限于已建水库位置，额定水头低（均小于 120m），距高比大（均在 22 左右），进出水口施工难度一般也要大于常规新建水库，进而造成输水工程、机电设备及安装工程投资较大，其中机电设备及安装工程单位造价较同等规模新建双库项目增加 810 元/kW，输水工程单位造价增加 361 元/kW；另外，部分混合式抽水蓄能电站涉及上、下水库利用补偿问题。叠加上述因素，个别混合式抽水蓄能电站项目单位造价甚至可能高于同等规模新建双库电站项目。

2.3
陆上风电工程

陆上风电项目单位造价
进一步下降

陆上风电项目单位造价进一步下降。 2023 年全国陆上风电项目新增装机规模 6932 万 kW，同比增长 112.8%。根据项目概算、招投标信息、结决算资料综合分析，陆上风电项目平均单位千瓦总投资约 4500 元/kW，较 2022 年进一步下降，主要得益于项目整体规模化开发、 5～7MW 大容量机型的广泛应用，以及充分的市场竞争。主机设备价格较 2022 年进一步下降，据不完全统计， 2023 年末陆上风机不含塔筒平均中标价格约 1200 元/kW；配合送出要求建设的高电压等级汇集站、联合集中送出分摊、配套电化学储能、调相机等，以及项目开发衍生的地方性产业协同费用占比总体上涨。

（1）陆上风电项目投资中设备及安装工程投资占比最高，达 65.8%；土建工程（施工辅助工程、建筑工程）投资约占 19.6%；其他费用约占 10.9%。随着项目总体单位造价指标进一步下降，各部分费用较 2022 年均有不同程度的降低。典型陆上风电项目各分项投资占总投资的比例详见图 2.9。

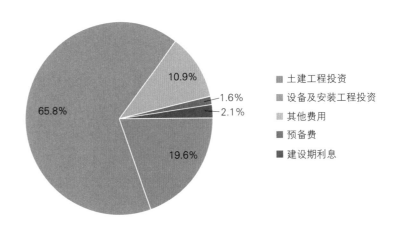

图 2.9　典型陆上风电项目各分项投资占总投资的比例

同等地形建设条件下，区域性成本差异逐步缩小

（2）同等地形建设条件下，区域性成本差异逐步缩小。华北区域项目用地资源紧张，普遍存在场区交通避让、线路跨越等复杂情况；华东、华中区域项目用地成本略高，部分省份建设条件较好的资源区域已开发殆尽，整体建设成本略高，差异不明显；东北区域项目建设成本居中，附加成本略高；西北区域得益于大基地项目开发，整体建设成本依然最低；南方及西南区域建设条件较为复杂，复杂山地项目较多，因此成本较高。不同区域陆上风电项目单位造价如图 2.10 所示。

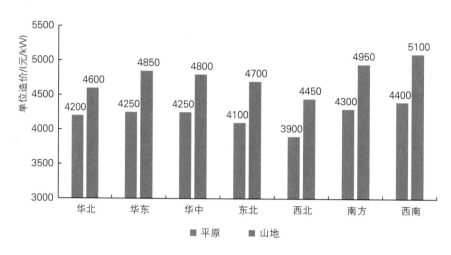

图 2.10　不同区域陆上风电项目单位造价

山地风电项目单位造价
较平原/戈壁风电项目高约

400～700 元/kW

（3）山地风电项目单位造价较平原/戈壁风电项目高约 400～700 元/kW。山地风电项目地质复杂、地形起伏较大，基础处理以及交通工程等土建投资相对较高。近年来汇集站、联络线、配套储能及调相机工程等成本占比不断增加，导致基础处理及交通工程成本占比相对降低，不同地形风电项目建设成本差异在逐步缩小。不同地形条件陆上风电项目单位造价如图 2.11 所示。

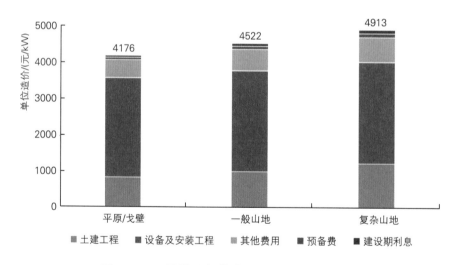

图 2.11　不同地形条件陆上风电项目单位造价

项目单位造价总体随
单机容量增加逐步降低

（4）项目单位造价总体随单机容量增加逐步降低。一方面，随着风电机组单机容量增大，单位容量设备购置费得以降低，风机基础数量也得以减少。另一方面，由于大容量机组推广应用周期尚短，设计基础尺寸较大，施工工艺、工效尚未达到成熟高效水平，在一定程度上增加了工程建设成本。后续随着设计优化以及施工工艺进步，大容量机组项目单位造价有望进一步降低。

选取 100MW 规模平原、山地典型风电项目进行不同单机容量项目单位造价分析，结果如图 2.12 所示。

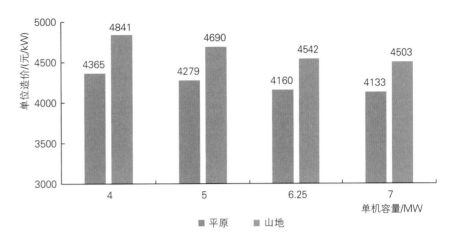

图 2.12　不同单机容量风电项目单位造价

（5）地基基础条件、轮毂安装高度、交通条件、作业条件等建设条件对单位造价影响相对较大。轮毂安装高度由 110m 增加至 120m 时，单位造价约增加 100 元/kW；安装高度增加至 140m 时，单位造价约增加 260 元/kW；安装高度超过 155m 时，单位造价约增加 420 元/kW。高海拔地区较一般地区约增加 180 元/kW。换填基础较一般基础处理约增加 25 元/kW，灌注桩基础约增加 120 元/kW。

（6）主要设备年度价格水平分析。风电机组设备价格指标随着单机容量不断增加，呈下行趋势；塔筒价格与钢结构供应原价直接关联，目前处于低位；主变压器以及箱式变电站设备价格与型式、参数具有一定关联性，整体价格平稳；无功补偿装置设备经历价格大幅降低之后，基本趋于稳定。2023 年年底陆上风电项目主要设备参考价格见表 2.4。

表 2.4　2023 年年底陆上风电项目主要设备参考价格

序号	设备类型	规格型号	单位	价格指标
1	风电机组			
1.1	5MW		元/kW	1280
1.2	6.25MW		元/kW	1230
1.3	7MW		元/kW	1160

续表

序号	设备类型	规格型号	单位	价格指标
2	塔筒			
2.1	钢塔	120m 以内	元/t	8700
2.2	钢混塔	140～155m	元/kW	420
3	主变压器			
3.1	110kV	100MVA	元/kVA	39
3.2	220kV	150MVA	元/kVA	42
3.3	330kV	250MVA	元/kVA	45
4	箱式变电站			
4.1	油变（华氏）	4500～5600kVA	元/kVA	88
4.2	油变（华氏）	5600～6700kVA	元/kVA	92
4.3	油变（华氏）	6700～7800kVA	元/kVA	98
5	SVG 无功补偿设备			
5.1	直挂式，户外水冷式	±25Mvar	元/kvar	42

2.4 海上风电工程

海上风电项目单位造价呈震荡下行趋势

平均单位千瓦总投资在

9500～14000 元/kW
区间

海上风电项目投资主要集中于设备及安装工程，占比超过

50%

海上风电项目单位造价呈震荡下行趋势。 2023 年全国海上风电项目新增装机规模 634 万 kW，同比增长 25.2%。 海上风电项目施工难度大，船机成本高，建安部分约占项目总体建设成本 33%～40%，且受不同海域建设条件差异影响较大，因此不同项目单位造价差异较大。 根据项目概算、招投标信息、结决算资料综合分析，平均单位千瓦总投资在 9500～14000 元/kW 区间，最高值较最低值增加近 50%。

据不完全统计，2023 年海上风机不含塔筒平均中标价格约为 3200 元/kW，相较 2022 年末下降约 10%。 在主机设备价格下行带动下，2023 年海上风电项目单位造价呈震荡下行趋势。

（1）海上风电项目投资主要集中于设备及安装工程，占比超过 50%。 不同场址条件下的海上风电项目建设成本差异较大。 其中，吊装费用受机组型式及海况条件影响；送出海缆费用与场区至登陆点距离直接关联；建筑工程投资与机组基础型式紧密相关；施工辅助工程投资主要包含船舶进退场费、安全文明施工措施费等，占比小，较为稳定；其他费用涉及用地用海费用等，各项目差异较大。

根据 2023 年实际开发建设情况，选取典型项目进行造价指标分析，项目特征为：近海或省管海域总装机规模 300～1000MW，风电机组单机容量 8～13.4MW，离岸距离 15～40km，水深 20～35m。 经统计，典型项目平均单位千瓦总投资为 10544 元/kW，其中设备及安装工程投资占比 54.6%，土建工程投资占比 31.4%。 海上风电项目各分项投资占总投资的比例如图 2.13 所示。

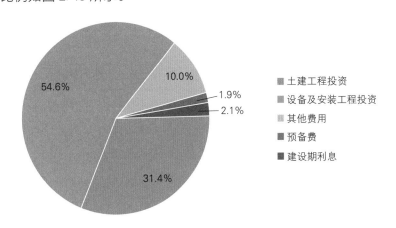

图 2.13　海上风电项目各分项投资占总投资的比例

从地区来看，上海、江苏海域单位造价最低，福建海域单位造价最高

（2）从地区来看，上海、江苏海域单位造价最低，福建海域单位造价最高。总体来看，上海可建设海域离岸较近，江苏水深适中、施工窗口期较好、海床地质多为粉砂，基本条件较好，因此综合造价成本最低；山东施工条件良好，水深略深，登陆海缆避让因素多，成本略高；河北、天津规划建设场址少，陆上集控中心用地紧张，项目附加成本高；辽宁、广西、海南等施工作业条件相当，存在地质、离岸距离、局部嵌岩等交叉因素，影响建设成本；浙江部分场址存在深淤泥情况，30m 水深及 40m 以上淤泥厚度超出大部分施工船机作业极限，施工条件较差，成本略高；广东海域水深条件适中，场址离岸较远，施工作业条件一般，项目单位造价处于较高水平；福建海域由于嵌岩情况普遍存在，日平均风速大导致有效可作业吊装窗口期很短，成本最高。值得说明的是，辽东半岛与山东半岛之间渤海湾、浙江杭州湾、闽南的平海湾和兴化湾、广西北部湾等特殊区域，湾内涌浪小，施工条件良好，成本略低。各省（自治区、直辖市）海上风电项目单位造价如图 2.14 所示（未考虑深远海柔性直流送出、配套储能、海洋牧场等情况）。

项目总体单位造价基本随离岸距离增加而增加

（3）项目总体单位造价基本随离岸距离增加而增加。不同离岸距离的海上风电项目成本差异主要涉及交（直）流海缆长度、陆上及海上柔性直流站、高压电抗补偿站以及相关的用海、施工费用等，详见表

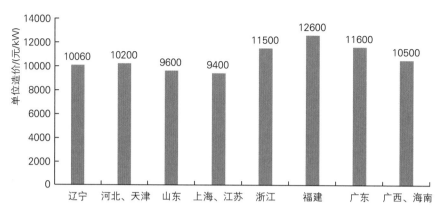

图 2.14　各省（自治区、直辖市）海上风电项目单位造价

2.5。随离岸距离增加，风机基础、海缆、施工及用海费用一般也会相应增加。由于项目水深条件与场区离岸距离并不成绝对线性关系，因此场区内建设成本仍要视实际情况分析确定。做好海上基地规划，协同建设，共用通道可有效降低送出成本。

表 2.5		不同离岸距离海上风电项目单位造价		
项目类型		离岸距离/km	送出方案	单位造价/(元/kW)
近海以及省管海域项目	A	20～50	220kV 交流送出	9600～11000
	B	50～70	220kV 交流送出	9900～11500
	C1	70～90	500kV 交流送出，不设补偿站	10300～11700
	C2		500kV 交流送出，中间设补偿站	10700～12100
	C3		柔性直流送出	11600～12900
国管海域项目	D	90～120	柔性直流送出	12300～13600

柔性直流送出工程单位造价基本稳定

（4）柔性直流送出工程单位造价基本稳定，整体投资与阀塔、进出间隔数量相关。海上以及陆上交/直流场内阀厅、桥臂电抗、启动回路等主要设备已实现国产化，价格稳定。2000MW 输送容量项目换流阀设备价格约 5.5 亿元。采用柔性直流送出方案的海上风电项目输变电部分包括：场区 35kV 海缆、场区内设置的 220kV 升压站、400/500kV 柔性直流站、220kV 站至直流站之间交流 220kV 海缆、直流站至登陆点之间直流海缆、登陆点至陆上直流站之间陆缆、陆上直流汇集站、对外送出线路工程。典型项目（2000MW 输送容量规模、离岸距离 90km、双回送出）投资构成如图 2.15 所示，其中海缆工程包含登陆点及陆缆部分。

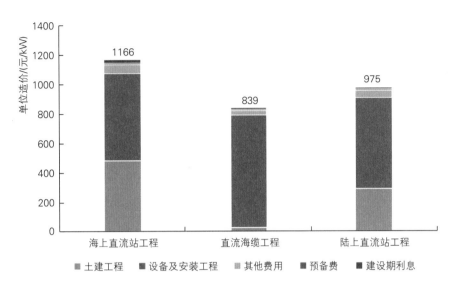

图 2.15　典型柔性直流送出工程单位造价

（5）漂浮式海上风电目前处于样机试验阶段，建设成本较高。与固定式海上风电项目的成本构成有所不同，漂浮式海上风电机组投资仅占总投资的 10% 左右，漂浮式基础、系泊系统、动态海缆、施工安装等投资占比超 65%。

（6）主要设备年度价格水平分析。海上风电机组设备价格仍然存在较大下降空间，主变压器等海上升压站内设备由于对防腐以及稳定性要求高，通常采用高规格设备，价格较高。 2023 年海上风电项目主要设备参考价格见表 2.6。

表 2.6　　　2023 年海上风电项目主要设备参考价格

序号	设备类型	规格型号	单位	参考价格
1	风电机组	14MW	元/kW	2900～3150
2	塔筒	4～5 节	元/t	10500～11200
3		200000kVA	万元/台	1250
4	主变压器	250000kVA	万元/台	1430
5		320000kVA	万元/台	1650
6	GIS 组合电器	252kV，2500A	万元/台	360

2.5
光伏发电工程

集中式光伏电站项目
单位造价降幅明显
平均单位千瓦总投资
约为

3900 元/kW

较 2022 年降低约

8.0%

光伏发电项目投资主要集中
于设备及安装工程，占比
超过

70%

集中式光伏电站项目单位造价降幅明显。 2023 年度全国集中式光伏电站项目新增装机规模 1.2 亿 kW，同比增长 230.7%。 根据项目概算、招投标信息、结决算资料综合分析，集中式光伏电站项目平均单位千瓦总投资约为 3900 元/kW，较 2022 年降低约 8.0%。

受硅料价格下探及光伏组件扩产等因素的影响，2023 年光伏组件价格呈现整体向下趋势，至 2023 年年底，P 型、N 型光伏组件均已降至不足 1 元/W 水平；配合送出要求建设的高电压等级汇集站、联合集中送出分摊、配套电化学储能、调相机等，以及项目开发衍生的地方性产业协同费用占比总体上涨。

（1）光伏发电项目投资主要集中于设备及安装工程，占比超过 70%。 光伏组件设备价格持续下降，施工成本也逐步降低，场区输电线路及变电站工程部分投资相对稳定。 典型光伏发电项目各分项投资占总投资的比例如图 2.16 所示。

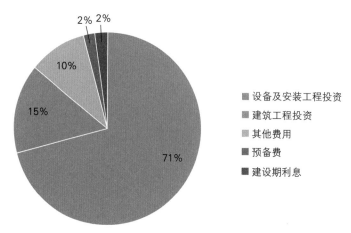

图 2.16　典型光伏发电项目各分项投资占总投资的比例

从地区来看，西北区域项目
单位造价最低

（2）从地区来看，西北区域项目单位造价最低，主要是由于西北区域大基地规模化开发，支架基础建设条件较好，土地成本相对较低；西南区域项目以山地光伏为主，由于山地光伏在交通工程、线路工程、环保等方面投入较多，单位造价最高。另外不同区域土地获取方式及使用成本存在较大差异，对项目单位造价也有一定影响。不同区域光伏发电项目单位造价如图 2.17 所示。

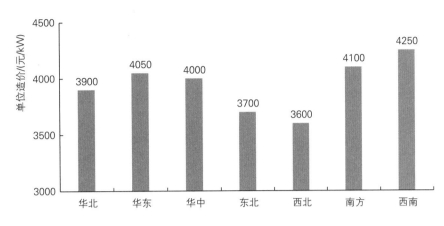

图 2.17　不同区域光伏发电项目单位造价

（3）2023 年海上光伏发电项目总体单位千瓦总投资约为 5800 元/kW。典型海上光伏发电项目各分项投资占总投资的比例如图 2.18 所示。

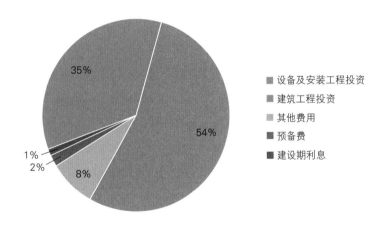

图 2.18　典型海上光伏发电项目各分项投资占总投资的比例

　　海上光伏作为近两年推进的开发模式，基础型式、施工方案仍然处于摸索进步阶段，各方参建单位以实证项目为基础，在实施过程中对成本控制也做了很多尝试，包括钢管桩与混凝土管桩混排、场区不同区域基础桩径差异化设计、海面支架桁架结构优化、施工船机配置及工效提升等。基于当前在建的规模化海上光伏发电项目情况，设备采购及建安工程部分单位造价已趋于 5000 元/kW。

　　（4）主要设备年度价格水平分析。2023 年光伏组件、逆变器设备价格进一步下降。2023 年光伏发电项目主要设备参考价格见表 2.7。

序号	设备类型	型号参数	单位	参考价格
1	光伏组件	P型	元/W	0.85
		N型	元/W	0.97
2	光伏支架	固定式	元/t	6200
3	逆变器	组串式	元/W	0.13
		集中式	元/W	0.11
4	箱式变电站	4500kVA	万元/台	46
		5600kVA	万元/台	57
		6700kVA	万元/台	69
		7800kVA	万元/台	81
		9600kVA	万元/台	124

表2.7　　　　2023年光伏发电项目主要设备参考价格

2.6 光热发电工程

光热发电项目单位造价持续下降

不同类型光热发电项目造价水平差异明显

早期项目单位造价普遍较高，不同项目造价水平差异较大

近期项目单位造价较早期项目明显降低

光热发电项目单位造价持续下降。

截至2023年年底，中国光热发电并网总装机容量达570MW，共11座电站，其中熔盐塔式占比约64.9%，导热油槽式约26.3%，熔盐线性菲涅尔式约8.8%。不同类型光热发电项目造价水平差异明显，与聚光方式、镜场面积、储能时长、光资源、气象条件、相关政策等关系密切。

（1）早期项目单位造价普遍较高，不同项目造价水平差异较大。早期光热发电项目多数为国家第一批示范项目，装机规模多为50MW，最大装机规模100MW，单位千瓦总投资约为24000～35000元/kW。其中塔式光热发电项目居多，但由于设备产地（进口、国产）、科研投入、镜场面积差异较大，储能时长不等，造价水平也存在较大差异。

（2）近期项目单位造价较早期项目明显降低。2023年无新增投产光热发电项目，完成前期设计或招采项目大部分为100MW熔盐塔式光热发电项目，单位千瓦总投资介于13500～23000元/kW，平均约为18500元/kW，较早期建设项目明显下降，主要是由于光热电站在电力系统中的功能发生变化，从之前"能发尽发"的独立电源调整为"储能调峰"，配套新能源电站吸纳弃电，储能时长进行优化后基本上都在8h左右，聚

光系统规模明显减小。 以 100MW 塔式光热电站为例，镜场面积从 140万 m^2 减少至 65 万 m^2 左右。 另外，随着光热规模化发展，镜场、三大主机、熔盐罐等主要设备均实现了国产化，设备价格明显下降。

相同建设条件下同等规模熔盐塔式造价水平相对较低

（3）相同建设条件下同等规模熔盐塔式造价水平相对较低。 基于前期设计阶段项目统计数据，100MW 规模熔盐塔式、导热油槽式、熔盐线性菲涅尔式平均单位千瓦总投资分别约为 17200 元/kW、21000 元/kW、23000 元/kW。

项目总体单位造价随装机规模增加逐步减少

（4）项目总体单位造价随装机规模增加逐步减少。 以相同的光资源和气象条件下的熔盐塔式发电技术为例，每 100MW 装机容量配置80 万 m^2 的镜场采光面积，储热时长均按 8h，100MW（单塔单机）、200MW（单塔单机）、300MW（双塔单机）三种典型规模项目单位千瓦总投资分别约为 17200 元/kW、14550 元/kW、14400 元/kW。 如图2.19 所示，装机规模从 100MW 增加至 200MW 时，电站单位造价明显下降；但装机规模增加到 300MW 时，需要采用"双塔一机"配置，增加了吸热系统和并盐管道投资，造价水平较 200MW 规模项目降幅有限，基本持平。

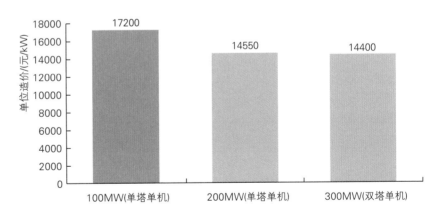

图 2.19　三种典型规模熔盐塔式光热发电项目单位造价对比

熔盐塔式项目投资中聚光系统占比最高，平均达

40.5%

（5）熔盐塔式项目投资中聚光系统占比最高，平均达 40.5%。以装机 100MW、储热时长 8h 熔盐塔式光热发电项目为例，投资构成包括聚光系统、吸热系统、储热系统、热力系统等投资，如图 2.20 所示。其中聚光系统设备及安装工程投资占比最高，平均达 40.5%。聚光系统、吸热系统、储热系统、热力系统等投资共计占静态投资的 75%左右。

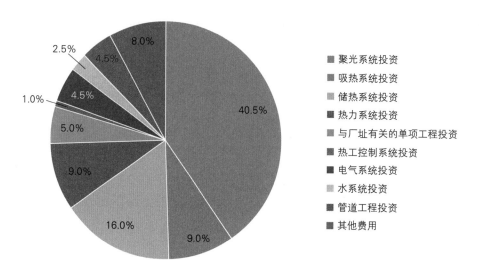

图 2.20   100MW/800MW·h 熔盐塔式光热发电项目投资构成分析

2.7
压缩空气储能工程

压缩空气储能项目单位造价进一步下降

早期项目单位造价普遍较高

近期项目单位造价较早期项目明显降低

压缩空气储能项目单位造价进一步下降。

据不完全统计，截至 2023 年年底，中国建成并投入运行的压缩空气储能项目共有 9 个，总装机容量 682.5MW； 2023 年主要在建的独立压缩空气储能项目共 5 个，总装机容量 810MW，总投资约 60 亿元；已签约并处于前期研究阶段项目共 35 个，总装机容量约 8.20GW，总投资约 620 亿元。 2024 年 1 月 17 日，国家能源局 2024 年第 1 号公告发布，将 56 个项目列为新型储能试点示范项目，其中压缩空气储能项目 12 个，规模达到 2.8GW，预计投资超过 220 亿元。

（1）早期项目单位造价普遍较高。早期压缩空气储能电站全部为首批示范项目，规模较小，型式多元，前期研发投入大，工艺技术尚不成熟。如 2014 年投运的安徽某非补燃式热储能＋压缩空气混合储能示范项目采用地面管线钢型式，装机容量 500kW，单位千瓦总投资达 60000 元/kW。

（2）近期项目单位造价较早期项目明显降低。如 2022 年并网发电的江苏某压缩空气储能电站（地下盐穴储气库型式）、河北某压缩空气储能电站示范项目（地面管线和地下储气库结合型式），单位千瓦总投资约 8000～8500 元/kW，较早期项目明显降低。各类项目中，利用盐穴或矿井巷道项目单位造价相对较低；人工硐室地下储气库项目由于地下储气库投资较大，较利用盐穴或矿井巷道项目高出 30％左右；深冷液化空气储能单位造价最高，较利用盐穴或矿井巷道项目高出 50％以上，详见表 2.8。

序号	项目类型	项目规模/MW	单位千瓦总投资/(元/kW)	备　注
表 2.8	近期压缩空气储能项目设计概算造价指标			
1	利用盐穴或矿井巷道储能	200～600	5500～6500	部分建设条件较好的项目单位千瓦总投资接近5000元/kW
2	人工硐室地下储气库	200～600	8000～9000	部分建设条件较好的项目单位千瓦总投资接近7500元/kW，建设条件较差的项目可达10000元/kW
3	深冷液化空气储能	一般不超过200	9500～10500	

（3）压缩空气储能项目投资中设备购置费、建筑工程费占比较高。典型项目的投资构成情况如图 2.21 所示：设备购置费约占 39%，建筑工程费约占 30%，安装工程费约占 13%，临时工程费约占 5%，其他费用约占 13%。

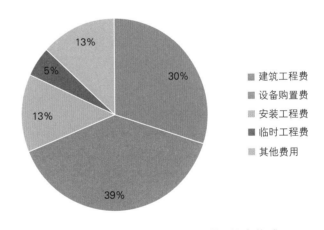

图 2.21　压缩空气储能典型项目投资构成

■ 建筑工程费
■ 设备购置费
■ 安装工程费
■ 临时工程费
■ 其他费用

生物质发电项目建设步入稳定发展期，单位造价趋于平稳。截至 2023 年年底，中国生物质发电累计并网装机容量达到 4414 万 kW，同比增长 6.8%，增速同比下降 2 个百分点。 2023 年，生物质发电新增装机规模 282 万 kW，其中，生活垃圾焚烧发电新增装机规模 191 万 kW，占比 68%；农林生物质发电新增装机规模 65 万 kW，占比 23%；沼气发电项目新增装机规模 26 万 kW，占比 9%。

生物质发电工程建设成本因原料和燃烧技术的不同存在较大的差

压缩空气储能项目投资中设备购置费、建筑工程费占比较高

2.8 生物质发电工程

生物质发电项目建设步入稳定发展期，单位造价趋于平稳

异。不考虑原料类型和供应情况下，设备价格和工艺部分对投资影响较大。近年来相对成熟和具备商业化发展潜力的技术主要包括：直接燃烧、低比例共烧、厌氧消化、城市生活垃圾焚烧、垃圾填埋气和热电联产。

（1）垃圾焚烧发电

垃圾焚烧发电项目单位千瓦总投资一般为20000~27000元/kW，个别项目达到30000元/kW以上（图2.22）。

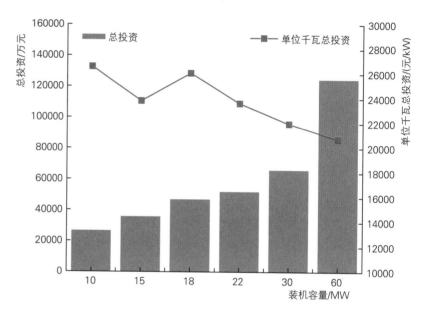

图2.22 垃圾焚烧发电项目投资及造价水平

按工艺系统划分，垃圾焚烧和发电系统投资占比较大，接近50%（图2.23）。

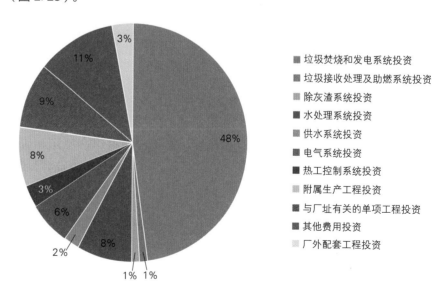

图2.23 典型垃圾焚烧发电项目的投资构成分析

（2）农林生物质发电

农林生物质发电项目按 15MW、 30MW、 45MW 三个典型装机规模统计情况来看，单位千瓦总投资一般为 8000～10000 元/kW。

按工艺系统划分，热力系统、场地征用费用、电气系统、燃料供给系统投资占比超过 65%（图 2.24）。

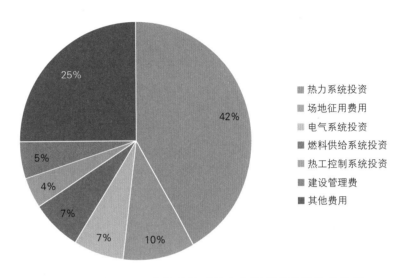

图 2.24　某 30MW 农林生物质发电典型项目投资构成分析

2.9 可再生能源制氢工程

可再生能源电解水制氢项目单位造价降幅明显

可再生能源电解水制氢项目单位造价降幅明显。

可再生能源制氢发展势头迅猛。 2023 年，中国可再生能源制氢项目建成总产能达 7.8 万 t/年，同比增长约 123%，覆盖 21 个省（自治区、直辖市）。全国可再生能源制氢在建项目产能约 80 万 t/年，已备案项目产能 600 万 t/年以上。

制氢技术路线比较多元，电解水制氢技术中碱性水电解制氢（AWE）技术发展最为成熟、商业化程度最高，成本较低，目前应用最为广泛。中国碱性电解槽装备制造已经基本实现国产化，最大产氢量为 3000Nm³/h（15MW 级），最为普遍的是产氢量 1000Nm³/h（5MW 级）电解槽。受益于供应链成熟与市场规模增大，国产碱性电解槽市场价格持续降低， 2023 年 5MW 级碱性电解槽（包括气液分离器）中标均价约 1510 元/kW，较 2022 年下降约 16%。

近年来，质子交换膜电解槽（PEM）技术水平逐步提升，但仍处于规模化示范推广阶段，单位造价相对较高。受益于供应链逐渐完善，国内市场价格开始出现下降趋势， 2023 年兆瓦级 PEM 电解槽中标均价约 8900 元/kW，同比下降约 11%。

3 工程造价水平趋势分析及预测

3.1
常规水电工程

常规水电项目单位造价呈
波动上涨趋势，未来对
项目投资控制将提出
更高要求

常规水电项目单位造价呈波动上涨趋势，未来对项目投资控制将提出更高要求。

"十二五"以来，常规水电工程开发建设逐步向流域上游高海拔地区推进，工程建设条件愈趋复杂，社会、环境和流域安全要求逐步提高，总体开发难度不断增加。 从单位造价分布区间来看，历年核准项目单位造价总体呈波动上涨趋势，如图 3.1 所示（图中气泡面积大小代表装机规模）。

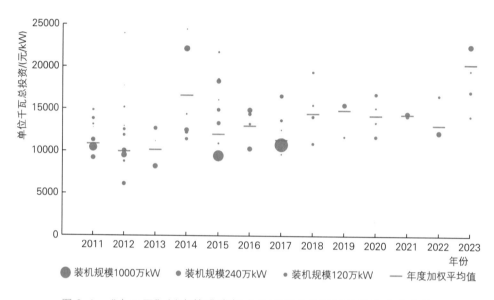

图 3.1 "十二五"以来核准常规水电工程单位千瓦总投资变化趋势

受益于机电设备技术的成熟，国产化程度、市场化程度的提高，机电及金属结构设备投资相对平稳并呈下降趋势，而土建工程投资由于地形地质条件等复杂因素影响差异性较大，对总投资的影响也相对较大，在总投资中的占比也在逐渐增大。

同时，常规水电个体差异性较强，建设成本受资源禀赋、建设条件影响较大，项目造价水平往往因不同地区、不同类型、不同规模等因素而呈现出较为显著的差异性。另外，年度核准项目数量有限，平均值受个别项目影响，不能完全反映年度水电项目全貌。

未来常规水电工程开发建设将进一步向流域上游高海拔地区推进，站址选择空间较小，建设条件、社会条件愈加复杂，对项目投资控制也将提出更高的要求。

3.2
抽水蓄能电站工程

———

长期来看，受站点开发难度逐步增加和物价波动等因素影响，抽水蓄能电站项目单位造价总体将呈缓慢上涨趋势，造价水平总体可控

长期来看，受站点开发难度逐步增加和物价波动等因素影响，抽水蓄能电站项目单位造价总体将呈缓慢上涨趋势，造价水平总体可控。

"十二五"以来，抽水蓄能电站项目单位造价变化相对平稳，各时期内项目造价水平基本持平。其中，"十二五"期间，项目单位千瓦总投资基本处于 4800～6500 元/kW 区间范围；"十三五"期间，项目单位千瓦总投资略有抬升，基本处于 5500～7000 元/kW 区间范围；"十四五"以来，项目单位造价略有上移，但总体水平仍保持稳定态势，如图 3.2 所示（图中气泡面积大小代表装机规模）。

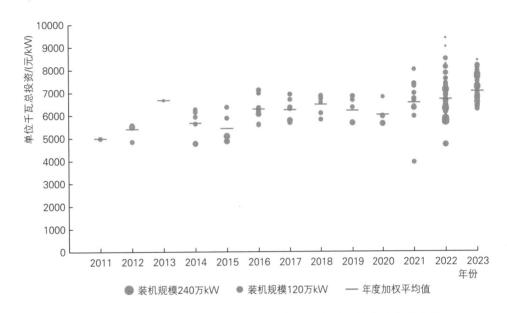

图 3.2　"十二五"以来核准抽水蓄能电站单位千瓦总投资变化趋势

与常规水电相比，抽水蓄能电站装机规模较为集中，枢纽布置格局基本类似，建设资源相对充裕，因此造价水平分布区间更为集中，项目间波动较小。

对于抽水蓄能电站远期造价水平，可从以下方面进行分析：

（1）站址资源。抽水蓄能电站备选站点较多，建设资源较常规水电相对充裕，同时枢纽布局基本类似，建设条件不会发生重大变化，因此短期内造价水平较为稳定。但从长期来看，受站点开发难度逐步增加影响，单位造价水平总体将呈缓慢上涨趋势。

（2）设备产能。目前主机设备国产化程度较高，设备价格主要受产能及市场竞争因素影响。按照当前的核准计划，预期在 2029 年、2030 年左右会出现投产高峰，通过提前生产，以及增加生产线、其他产能横向转化的方式基本可满足需求。因此，主机设备价格存在上涨风险，但总体可控。

（3）征地移民、环水保因素。随着征地移民、环水保相关政策要求的提升，建设成本将呈上涨趋势。但由于抽水蓄能电站涉及环境影响因素较少，且水库淹没影响范围较小，相关投资占比较小，即使有所上涨，对投资影响也较为有限。

（4）人工成本。随着人口红利消退以及人们生活水平的不断提升，人工工资水平呈现不断攀升态势，对蓄能电站建设成本的影响较大。考虑到未来建筑业机械化程度将逐步提高，人工费占比将逐步降低，因此人工成本上涨对蓄能电站的投资将有一定影响，但影响程度可能有限。

（5）物价波动。抽水蓄能电站建设所需的材料，一定时期内价格水平总体波动幅度有限，并不会单向增长，因此对投资的影响也较为有限，相对可控。

综合上述因素，长期来看，受站点开发难度逐步增加和物价波动等因素影响，抽水蓄能项目单位造价水平总体将呈缓慢上涨趋势，造价水平总体可控。但建设条件、设备产能、征地移民、环水保、人工成本等方面的难题和挑战仍然存在，行业各方仍需协同合作、形成合力，在政策支持、技术创新、人才培养等多个方面持续深耕、发力，全面推动抽水蓄能行业的高质量发展。

3.3
陆上风电工程

"十二五"以来，随着风电产业设备制造、施工技术以及项目管理逐步成熟，以及大容量机组的规模化发展，陆上风电项目单位造价水平逐年降低（图 3.3）。

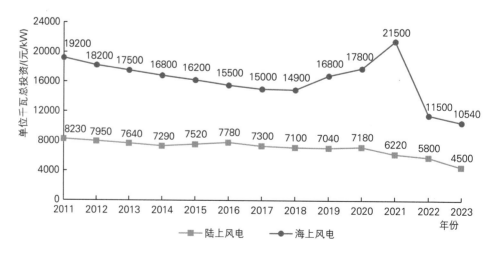

图 3.3 "十二五"以来风电工程单位千瓦总投资变化趋势

"十四五"后期，陆上风电将正式迈入精细化投资管控发展阶段，随着风电行业竞争性配置等一系列政策调整，投资将趋于理性。风电行业大型化、规模化发展在加快推动制造成本下行的同时，一定程度上也抬升了技术门槛，在不考虑政策性因素及大宗设备原件供货价格大幅波动的情况下，预计短期内成本下降趋势将逐步放缓。

3.4 海上风电工程

海上风电 2018—2021 年大规模开发造成设备、施工资源供应不足，受市场因素影响，单位造价升高。近两年海上风电装机规模增长相对放缓，设备、施工资源供应能力得到释放，且大容量机组规模化投入应用，单位造价迅速回落。

"十四五"期间，海上风电项目基本以省管近浅海海域为主。经多年积累，中国已基本掌握近浅海风电开发技术，形成了完备的产业链条。通过过渡性省补政策支持，叠加产业链降本增效，当前部分省份海上风电已实现平价上网。后续整机大型化趋势仍将持续，伴随整机技术、生产制造能力和工程建设能力的持续增强，预计"十四五"末期海上风电项目将实现全面平价。

"十四五"末期海上风电项目将实现全面平价

对于深远海项目，一方面随着"机组-支撑结构一体化设计"技术推广，建设成本下降潜力较大；另一方面，随着海上升压站及柔性直流输电等长距离输电技术的发展进步，深远海全直流型风电场正成为发展方向，海缆市场需求增长潜力将吸引更多企业跨过技术门槛，打破现有市场格局，促进市场竞争进而降低海缆价格。随着技术进步及方案优化，漂浮式海上风电建设成本将有较大挖潜空间。

3.5 光伏发电工程

随着技术水平进步及规模化发展，"十二五"以来光伏发电工程项目单位造价水平整体呈大幅度下降趋势。 2021—2022 年受产业链部分环节供需矛盾影响，硅料价格不断攀升，带动光伏发电项目平均单位造价较 2020 年有所上涨。至 2022 年年底，随着上游新建硅料产线逐步投运，产能逐步释放，产业链供需矛盾有所缓解，光伏组件价格略有回落，带动光伏发电项目单位造价下降。 2023 年在组件价格大幅下降影响下，光伏电站整体造价水平进一步降低。"十二五"以来光伏发电项目单位造价变化趋势如图 3.4 所示。

光伏组件加速向高功率迈进， P 型仍占主导， N 型市占率快速提升，产业链围绕大尺寸、薄片化快速发展，近期仍将促进项目成本下降

光伏组件加速向高功率迈进， P 型仍占主导， N 型市占率快速提升，产业链围绕大尺寸、薄片化快速发展，近期仍将促进项目成本下降。大尺寸硅片能够有效摊薄非硅成本，带来全产业链的降本增

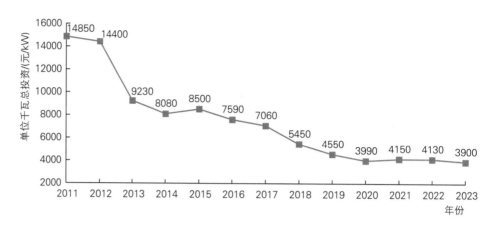

图 3.4 "十二五"以来光伏发电工程单位千瓦总投资水平变化趋势

效。薄片化有助于降低硅耗,增加单位硅料出片率,从而降低硅片企业的成本。与此同时,柔性支架凭借"大跨度、高净空、长列距"的优势,可以更好地适应地形变化,并与农牧业、渔业等形成互补协同发展,从而大幅度提高土地的综合利用效率,降低工程造价。随着相关配套产业成熟、工艺进步,后续海上光伏发电项目成本预计将有较大下降空间。

3.6
光热发电工程

光热发电项目单位造价预计将明显下降

光热发电项目单位造价预计将明显下降。一是光热发电项目的规模效益明显,随着单体规模由示范项目的 50MW/100MW 向 200MW 及更大容量发展,单位造价下降空间较大;二是随着设备国产化率逐步提高,设备购置成本会明显下降;三是设计、生产和施工的标准化程度越来越高,定制设备越来越少,成本降价空间较大;四是随着经验积累,系统设计、结构设计方案会愈加优化,集热效率越来越高,设备和材料不断创新,也会促进成本下降。

3.7
压缩空气储能
工程

压缩空气储能项目单位造价预计将逐步下降

压缩空气储能项目单位造价预计将逐步下降。压缩空气储能项目的规模效益明显,随着装机容量从 100MW 发展到 300MW,压缩空气储能正由示范应用阶段转向商业化发展阶段,投资的规模效益逐步显现,单位造价正处于下降通道。同时,伴随项目数量大幅增加,国产设备放量生产,制造技术日趋成熟,压缩机和换热系统技术壁垒会逐步打破,助推压缩空气储能项目建设成本进一步下降。

3.8
生物质发电工程

从垃圾发电行业市场竞争格局来看，目前垃圾发电行业市场集中度较高且较为稳定，预计短期内垃圾发电建设项目单位造价仍将保持平稳态势。随着农林生物质发电逐步向大规模、高效率的大型燃煤电厂生物质耦合发电模式发展，其单位造价有望逐步降低。

3.9
可再生能源
制氢工程

2021—2023 年碱性电解槽降价幅度日趋减缓。由于碱性电解槽国产化率达 95％，工艺技术已经十分成熟，通过技术革新进一步降低成本的门槛较高，但在系统电解效率、产氢纯度、与可再生能源适配等方面，碱性电解槽仍具有较大提升空间； PEM 电解槽核心材料（膜、双极板等）目前仍较多依赖进口，随着上游原材料进一步国产替代，供应链逐渐完善、产能逐步提升，国内 PEM 电解槽成本有望在技术进步和规模效应的叠加作用下快速下降。

4 电力价格分析

4.1
常规水电

常规水电上网电价政策呈现多样化格局

常规水电上网电价政策呈现多样化格局，主要包括成本加成电价、标杆电价、落地端倒推电价以及市场化交易电价四种类型。

（1）成本加成电价

根据成本加成原则确定的水电电价，即所谓的"一厂一价"，主要采用"成本＋利润＋税金"的定价模式。历史上形成的还本付息电价、经营期电价等机制本质上都属于成本加成电价。成本加成电价模式是中国水电快速发展时期的主要电价模式，对水电发展起到了极大的促进作用。

（2）标杆电价

2004年8月，国家发展改革委印发了《关于疏导电价矛盾有关问题的通知》（发改价格〔2004〕610号），明确对同一地区新投产的同类机组（按水电、火电、核电、风电等分类）原则上按同一价格水平核定上网电价，即标杆电价机制。

由于水电项目开发的政策环境变化较大，标杆电价机制于2009年一度搁浅。2014年1月，为合理反映水电市场价值，更大程度地发挥市场在资源配置中的作用，促进水电产业健康发展，国家发展改革委印发了《关于完善水电上网电价形成机制的通知》（发改价格〔2014〕61号），再次明确省内上网电价实行标杆电价制度。各省（自治区、直辖市）水电标杆上网电价以本省省级电网企业平均购电价格为基础，统筹考虑电力市场供求变化趋势和水电开发成本制定。水电比重较大的省（自治区、直辖市）可在水电标杆上网电价基础上，根据水电站在电力系统中的作用，实行丰枯分时电价或者分类标杆电价。近年来部分省份省内水电标杆上网电价见表4.1。

表 4.1　　近年来部分省份省内水电标杆上网电价

序号	省份	标杆电价 /[元/(kW·h)]	政策文件	执行时间
1	黑龙江	0.375	《关于调整水电标杆上网电价等有关事项的通知》	2018-07-01
2	河北	0.42	《关于做好小水电上网电价调整工作的通知》	2021-12-01
3	山东	0.37	《山东省深化燃煤发电上网电价形成机制改革实施方案》	2019-12-31

续表

序号	省份	标杆电价 /[元/(kW·h)]	政策文件	执行时间
4	河南	0.32	《关于完善省内水电上网电价政策的通知》	2021 - 01 - 01
5	安徽	0.3844	《关于合理调整电价结构有关事项的通知》	2017 - 07 - 01
6	湖北	0.3053～0.396	《关于进一步规范水电上网电价管理有关事项的通知》	2022 - 12 - 31
7	湖南	0.29～0.41	《关于降低我省部分水电站上网电价的通知》	2021 - 08 - 01
8	四川	0.2974～0.3766	《关于再次降低四川电网一般工商业用电价格等有关事项的通知》	2019 - 07 - 01
9	广西	0.32	《关于进一步规范完善我区小水电上网电价形成机制的通知》	2016 - 01 - 01
10	新疆	0.227	《关于进一步降低我区一般工商业及其他类用电价格有关事宜的通知》	2019 - 07 - 01
11	西藏	0.247～0.341	《关于进一步优化调整全区上网电价和销售电价引导降低社会用电成本的通知》	2023 - 11 - 29

（3）落地端倒推电价

落地端倒推电价，即上网电价按照受电地区落地价扣减输电价格（含线损）确定。《关于完善水电上网电价形成机制的通知》（发改价格〔2014〕61号）明确 2014 年 2 月 1 日后新建的跨省、跨区域送电的水电站，其外送电量上网电价按照受电地区落地价扣减输电价格（含线损）确定。其中，跨省输电价格由国家发展改革委核定；受电地区落地价由送电方、受电方参照受电地区省级电网企业平均购电价格协商确定。

根据江苏省发展改革委印发的《关于明确 2023 年雅砻江锦官电源组送苏电价水平的通知》（苏发改价格发〔2022〕1518号），按照锦官电源组送苏落地电价"基准落地电价＋浮动电价"形成机制和"倒推"形成上网电价方式，结合《2023 年江苏电力市场年度交易结果公示》（苏电交易公示 2022—101 号）公布的 2023 年年度交易成交均价 0.4666 元/（kW·h）计算，2023 年锦官电源组送苏落地电价为 0.4288 元/（kW·h），上网电价为 0.3195 元/（kW·h），自 2023 年 1 月 1 日起执行。

（4）市场化交易电价

近年来，中国电力市场化改革深入推进，竞争性环节电力价格加快放开，通过参与电力市场交易形成上网电价的水电电量比例逐步增大。

根据昆明电力交易中心数据，2023 年云南省省调水电发电量 2552 亿 kW·h，省内水电市场化交易电量 1437 亿 kW·h，扣除西电东送网对网外送及保障性优先发电后，省调水电几乎全部参与市场化交易；结算均价 0.19865 元/（kW·h），同比降低 4.4%。

根据四川电力交易中心数据，2023 年四川省共结算水电上网电量约 1898 亿 kW·h，省内市场化交易电量约 1196 亿 kW·h；结算均价 0.22550 元/（kW·h），同比提升 0.8%。

4.2
抽水蓄能

抽水蓄能价格新机制落地实施，形成政策闭环

抽水蓄能价格新机制落地实施，形成政策闭环。

2021 年 4 月，国家发展改革委印发了《关于进一步完善抽水蓄能价格形成机制的意见》（发改价格〔2021〕633 号，以下简称"633 号文"），明确要坚持以两部制电价政策为主体，进一步完善抽水蓄能价格形成机制，以竞争性方式形成电量电价，将容量电价纳入输配电价回收。633 号文的出台，释放了清晰的价格信号，为促进抽水蓄能电站加快建设发展注入了强劲动力。

633 号文公布后，国家发展改革委价格司开展了首次抽水蓄能电站核价工作。2022 年 2 月 22 日，国家发展改革委办公厅发布《关于开展抽水蓄能电站定价成本监审工作的通知》（发改办价格〔2022〕130 号），对全国 31 家在运抽水蓄能电站进行成本监审。成本监审充分调研了电站建设成本、运行成本，和各电源企业开展了多轮次沟通，广泛听取了行业专家学者的意见，为价格核定提供了坚实、科学的数据基础。

2023 年 5 月 15 日，国家发展改革委发布《关于抽水蓄能电站容量电价及有关事项的通知》（发改价格〔2023〕533 号），公布了在运及 2025 年年底前拟投运的 48 座抽水蓄能电站容量电价。同日，国家发展改革委发布《关于第三监管周期省级电网输配电价及有关事项的通知》（发改价格

〔2023〕526 号），进一步落实抽水蓄能容量电费疏导路径（纳入系统运行费）。 由此，抽水蓄能电价机制政策闭环形成，实现了抽水蓄能价格管理机制化、制度化。

48 座已核价抽水蓄能电站容量电价见表 4.2。 其中，最高容量电价达 823.34 元/kW（响洪甸抽水蓄能电站），最低容量电价为 289.73 元/kW（潘家口抽水蓄能电站）。

表 4.2　　　　48 座已核价抽水蓄能电站容量电价表

序号	电站名称	所在省（自治区、直辖市）	装机容量/万 kW	容量电价/(元/kW)
1	响水涧	安徽	100	459.92
2	琅琊山		60	453.30
3	绩溪		180	391.80
4	响洪甸		8	823.34
5	金寨		120	616.01
6	仙游	福建	120	405.40
7	厦门		140	612.65
8	永泰		120	551.21
9	周宁		120	548.11
10	宜兴	江苏	100	491.22
11	溧阳		150	576.04
12	沙河		10	699.78
13	天荒坪	浙江	180	417.17
14	桐柏		120	341.76
15	仙居		150	370.91
16	溪口		8	561.61
17	长龙山		210	499.96
18	宝泉	河南	120	417.43
19	回龙		12	585.20
20	白莲河	湖北	120	321.34
21	天堂		7	722.43
22	黑麋峰	湖南	120	376.30
23	洪屏	江西	120	454.99
24	蟠龙	重庆	120	587.22

续表

序号	电站名称	所在省 (自治区、 直辖市)	装机容量 /万 kW	容量电价 /(元/kW)
25	十三陵	北京	80	496.15
26	张河湾		100	476.13
27	丰宁一期	河北	180	547.07
28	丰宁二期		180	510.94
29	潘家口		27	289.73
30	呼和浩特	内蒙古	120	567.83
31	泰安		100	347.99
32	沂蒙	山东	120	608.00
33	文登		180	471.18
34	西龙池	山西	120	463.81
35	荒沟	黑龙江	120	478.74
36	白山	吉林	30	456.06
37	敦化		140	550.80
38	蒲石河	辽宁	120	475.42
39	清原		180	599.66
40	广蓄二期		120	338.34
41	惠州		240	324.24
42	清远	广东	128	409.57
43	深圳		120	414.88
44	梅州一期		120	595.36
45	阳江一期		120	643.98
46	琼中	海南	60	648.76
47	镇安	陕西	140	625.85
48	阜康	新疆	120	690.36

4.3
新能源发电

自 2021 年起，陆上风电、光伏发电项目已全面实现平价上网

4.3.1 政策性上网电价

自 2021 年起，陆上风电、光伏发电项目已全面实现平价上网。

2020 年 1 月，财政部、国家发展改革委、国家能源局联合印发《关于促进非水可再生能源发电健康发展的若干意见》(财建〔2020〕4 号)，提出新增海上风电和光热发电项目不再纳入中央财政补贴范围，按规定完成核准 (备案) 并于 2021 年 12 月 31 日前全部机组完成并网的存量海上风力发电和太阳能光热发电项目，按相应价格政策纳入中央财政补贴范围。

《国家发展改革委关于 2021 年新能源上网电价政策有关事项的通知》（发改价格〔2021〕833 号）提出，2021 年起，对新建项目（新备案集中式光伏电站、工商业分布式光伏发电项目和新核准陆上风电项目）中央财政不再补贴，实行平价上网，上网电价按当地燃煤发电基准价执行，新建项目可自愿通过参与市场化交易形成上网电价，以更好地体现光伏发电、风电的绿色电力价值。 新核准（备案）的海上风电项目、光热发电项目上网电价由当地省级价格主管部门制定，具备条件的可通过竞争性配置方式形成，上网电价高于当地燃煤发电基准价的，基准价以内的部分由电网企业结算。 目前，除青海等个别省份外，大多数省份的风电、光伏等新能源发电项目均以燃煤标杆电价作为平价结算基准价。

2022 年 4 月，国家发展改革委《关于 2022 年新建风电、光伏发电项目延续平价上网政策的函》提出，2022 年对新建项目（新核准陆上风电项目、新备案集中式光伏电站和工商业分布式光伏发电项目）延续平价上网政策，鼓励各地出台针对性扶持政策。 为支持海上风电发展，稳定市场预期，推动项目开发由补贴向平价平稳过渡，近年来部分省份先后出台了针对海上风电的阶段性地方补贴政策，详见表 4.3。

> 目前，除青海等个别省份外，大多数省份的风电、光伏等新能源发电项目均以燃煤标杆电价作为平价结算基准价

表 4.3			海上风电地方补贴政策摘录	
序号	时间	省份	文件名	涉及内容
1	2021 年 6 月	广东	《促进海上风电有序开发和相关产业可持续发展实施方案》	对 2018 年已完成核准、在 2022—2024 年全容量并网的省管海域项目进行补贴，补贴标准为 2022 年、2023 年、2024 年全容量并网项目分别补贴 1500 元/kW、1000 元/kW、500 元/kW。对 2025 年起并网的项目不再补贴。鼓励相关地市政府配套财政资金支持项目建设和产业发展
2	2022 年 3 月	山东	《2022 年"稳中求进"高质量发展政策清单（第二批）》	提出对 2022—2024 年建成并网的"十四五"海上风电项目，分别按照 800 元/kW、500 元/kW、300 元/kW 的标准给予补贴，补贴规模分别不超过 200 万 kW、340 万 kW、160 万 kW。同时，对 2023 年年底前建成并网的海上风电项目，免于配建或租赁储能设施

续表

序号	省份	地区	文件名	涉及内容
3	2022 年 7 月	浙江	《关于 2022 年风电、光伏项目开发建设有关事项的通知》	2022 年和 2023 年享受海上风电省级补贴规模分别按 60 万 kW 和 150 万 kW 控制，补贴标准分别为 0.03 元/(kW·h) 和 0.015 元/(kW·h)。以项目全容量并网年份确定相应的补贴标准，按照"先建先得"原则确定享受省级补贴的项目，直至补贴规模用完。项目补贴期限为 10 年，2021 年年底前已核准项目，2023 年年底未实现全容量并网将不再享受省级财政补贴
4	2022 年 11 月	上海	《上海市可再生能源和新能源发展专项资金扶持办法》(2022)	进一步明确了深远海风电项目奖励机制。提出对企业投资的深远海海上风电项目和场址中心离岸距离大于等于 50km 近海海上风电项目，根据项目建设规模给予投资奖励，分 5 年拨付，每年拨付 20%，奖励标准为 500 元/kW，单个项目年度奖励金额不超过 5000 万元。对场址中心离岸距离小于 50km 近海海上风电项目，不再奖励。该办法适用于上海市 2022—2026 年投产发电的项目，自 2022 年 12 月 15 日起实施，有效期至 2026 年 12 月 31 日

政策支持与电价补贴有效促进了中国新能源产业投入提高、产量提升、技术进步、成本下降，为最终实现平价上网奠定了发展基础。

4.3.2　市场化交易电价

电力市场建设加快推进，可再生能源市场化交易比例逐步扩大。《"十四五"可再生能源发展规划》提出，将逐步扩大可再生能源参与市场化交易比重，对保障小时数以外电量，鼓励参与市场实现充分消纳。根据国家发展改革委、国家能源局《关于加快建设全国统一电力市场体系的指导意见》(发改体改〔2022〕118 号)，到 2025 年全国统一电力市场体系初步建成，到 2030 年全国统一电力市场体系基本建成，新能源全面参与市场交易。在全国统一电力市场的建设目标导向下，新能源加速

电力市场建设加快推进，可再生能源市场化交易比例逐步扩大

入市。 据国家能源局通报，2023 年新能源市场化交易电量 6845 亿 kW·h，占新能源总发电量的 47.3%。 市场规模的持续扩大，为更深入推进可再生能源富余电力在更大范围的优化配置奠定了基础。

2023 年 10 月，国家发展改革委、国家能源局发布《关于进一步加快电力现货市场建设工作的通知》（发改办体改〔2023〕813 号），针对全国电力现货市场建设，提出进一步扩大经营主体范围，分布式新能源装机占比较高的地区，推动分布式新能源上网电量参与市场，探索参与市场的有效机制；鼓励储能、虚拟电厂、负荷聚合商等新型主体参与市场，探索"新能源 + 储能"等新方式。

在平价上网的基础上，甘肃、云南、河南、广西、四川、内蒙古等省（自治区）结合电力供需形势及新能源发展情况，相继发布了 2024 年电力交易方案，鼓励新能源参与电力市场化交易，实现竞价上网，并对新能源入市比例及电价进行了明确，详见表 4.4。

表 4.4　　　　部分省份新能源参与电力市场化交易政策摘录

序号	时间	省（自治区）	政策文件	涉及内容
1	2023 年 10 月	甘肃	《甘肃省 2024 年省内电力中长期年度交易组织方案》	明确新能源利用分时电价参与市场化交易。新能源企业峰、谷、平各段交易基准价格为燃煤基准价格乘以峰谷分时系数（峰段系数为 1.5，平段系数为 1，谷段系数为 0.5），各段交易价格不超过交易基准价。电力用户与新能源企业交易时均执行国家明确的新能源发电价格形成机制
2	2023 年 12 月	云南	《关于进一步完善新能源上网电价政策有关事项的通知》	进一步明确新能源上网电价，对于 2024 年 1 月 1 日至 6 月 30 日全容量并网的光伏项目月度上网电量的 65%、7 月 1 日至 12 月 31 日全容量并网的光伏项目月度上网电量的 55% 在清洁能源市场交易均价基础上补偿至云南省燃煤发电基准价；2024 年 1 月 1 日至 6 月 30 日全容量并网的风电项目月度上网电量的 50%、7 月 1 日至 12 月 31 日全容量并网的风电项目月度上网电量的 45% 在清洁能源市场交易均价基础上补偿至云南省燃煤发电基准价

续表

序号	时间	省 (自治区)	政策文件	涉及内容
3	2023 年 12 月	河南	《河南省优化工业电价若干措施的通知》	明确推动新能源电量参与中长期交易。自 2024 年 1 月起，除扶贫光伏电量外，省内风电、光伏电量按不高于河南省燃煤发电基准价参与市场交易，引导工商业用户优先消纳新能源电量
4	2024 年 1 月	广西	《关于明确新能源发电企业政府授权合约价格有关事宜的通知》	明确 2024 年电力市场化交易新能源发电企业市场电量政府授权合约价格，集中式风电、光伏发电企业为 0.38 元/(kW·h)。在结算政府授权合约差价费用时按上述政府授权合约价格执行，后续视电力市场交易运行实际情况，结合成本调查，经报上级同意，再对政府授权合约价格进行优化调整
5	2024 年 1 月	四川	《2024 年全省电力电量供需平衡方案及节能调度优先电量规模计划》	除优先发电量外，其余部分按 2024 年省内电力市场交易总体相关要求参与省内市场，风电、光伏市场电量的交易电价参照水电交易电价的市场化价格机制形成，限价范围与水电相同
6	2024 年 2 月	内蒙古	《关于做好 2024 年内蒙古电力多边交易市场中长期交易有关事宜的通知》	符合入市条件的风电及光伏发电项目直接参与市场，初步安排常规光伏"保量保价"优先发电计划电量 16 亿 kW·h (折算利用小时数 250h)，领跑者项目 26 亿 kW·h (折算利用小时数 1500h)，由电网企业按照内蒙古西部地区燃煤基准价收购；低价项目 1500h 以内电量按照竞价价格执行；除上述电量外光伏发电项目所发电量均参与电力市场

四川、云南、青海等水电大省,可再生能源参与市场化交易的价格基本参照水电交易电价的市场化价格机制形成。 从目前的制度与执行情况来看,可再生能源上网电价将低于平价上网电价。 根据相关数据,2023 年山西、甘肃光伏度电现货收入下降,山东、蒙西度电现货收入上涨。 风电方面,除蒙西风电度电现货收入上涨外,其他价区度电现货收入均下降。

5 定额标准管理

5.1
行业计价依据与标准规范

2023 年，可再生能源定额站组织行业内建设、设计、施工等有关单位开展了一系列行业计价依据与标准规范的制定、修订工作。通过水电工程设计概算编制规定、费用构成及概（估）算费用标准、分标及招标设计概算编制规定、调整概算编制规定、竣工决算报告编制规定及专项验收规程，水电工程安全监测、环境保护、水土保持等专项投资细则，陆（海）上风电场工程及光伏、光热发电工程设计概算编制规定、费用标准和配套概算定额等一系列定额标准制定、修订工作，目前已经基本建立可再生能源工程定额标准体系框架和内容（详见附录 1～附录 4），相关成果在统一造价标准、规范各项工作、促进项目建设方面发挥了重要作用。

5.1.1　水电工程

2023 年水电工程定额标准制定、修订工作动态见表 5.1。

表 5.1　2023 年水电工程定额标准制定、修订工作动态

序号	标准文号	标准名称	性质	状态
1	NB/T 11408—2023	《水电工程设计概算编制规定》	制定	
2	NB/T 11409—2023	《水电工程费用构成及概（估）算费用标准》	制定	2023 年 12 月 28 日发布，2024 年 6 月 28 日实施
3	NB/T 11410—2023	《抽水蓄能电站投资编制细则》	制定	
4	NB/T 11323—2023	《水电工程完工总结算报告编制导则》	制定	2023 年 10 月 11 日发布，2024 年 4 月 11 日实施
5	NB/T 11324—2023	《水电工程执行概算编制导则》	制定	
6	NB/T 11172—2023	《水电工程对外投资项目造价编制导则》	制定	2023 年 5 月 26 日发布，11 月 26 日实施
7	NB/T 10145—2019	《水电工程竣工决算报告编制规定》英文版	翻译	2023 年 5 月 26 日发布
8	NB/T 10146—2019	《水电工程竣工决算专项验收规程》英文版	翻译	

续表

序号	标准文号	标准名称	性质	状态
9	待定	《水电工程信息分类与编码 第10部分：造价》	制定	2023年11月通过审查，计划2024年上半年报批
10	NB/T 35034—待定	《水电工程投资估算编制规定》	修订	
11	NB/T 35030—待定	《水电工程投资匡算编制规定》	修订	
12	待定	《水电工程安全设施及应急专项投资编制细则》	制定	2023年按计划完成了工作大纲编制及评审，目前正有序推进中
13	NB/T 35031—待定	《水电工程安全监测系统专项投资编制细则》	修订	
14	NB/T 35033—待定	《水电工程环境保护专项投资编制细则》	修订	
15	待定	《水电工程设计工程量计算规定》	制定	
16	待定	《水电建筑工程概算定额（10项系列标准）》	制定	
17	待定	《水电设备安装工程概算定额》	制定	
18	待定	《水电工程施工机械台时费定额》	制定	
19	待定	《水电工程信息化数字化专项投资编制细则》	制定	2023年顺利完成立项任务，目前正按计划陆续启动有关工作
20	待定	《水电工程施工资源消耗量测定及成果编制导则》	制定	
21	NB/T 35072—待定	《水电工程水土保持专项投资编制细则》	修订	

（1）《水电工程设计概算编制规定》《水电工程费用构成及概（估）算费用标准》《抽水蓄能电站投资编制细则》

为适应国家政策法规调整、工程造价管理改革、行业技术标准更新等新形势和新要求，更好地服务和规范水电工程前期阶段计价行为及造价管理工作，满足工程建设各方对定额标准的使用需求，维护公平公正的市场环境和建设各方合法权益，合理确定工程投资，提高设计概算编制质量，开展了《水电工程设计概算编制规定》《水电工程费用构成及概（估）算费用标准》《抽水蓄能电站投资编制细则》制定工作。

三项标准分别规定了水电工程（含抽水蓄能电站）设计概算的项目划分、编制方法、计价格式、费用构成以及概（估）算费用标准，既保持了水电工程概（估）算标准体系的延续性和完整性，也体现了新形势下项目划分和编制方法的适用性、时效性。主要特点如下：按照住建部建设项目总投资费用构成有关文件要求，调整了人工单价的费用构成，并考虑近年来建筑业用工成本持续上涨情况，合理确定人工单价标准，使其更加贴近市场水平；综合考虑当前施工企业实际管理成本等因素，分析确定间接费费用构成和相应计算标准；根据"营改增"政策规定，在建安工程费用外单独计列增值税，真正意义上实现了"价税分离"；根据安全生产法等法律法规的最新要求，将安全生产费单独列项，充分体现生命至上、安全第一的发展理念；根据近年来水电工程建设新形势新要求，进一步完善了枢纽建筑物项目划分、独立费用构成以及部分费用标准。

（2）《水电工程执行概算编制导则》《水电工程完工总结算报告编制导则》

为规范和指导水电工程完工总结算、执行概算的编制，提高报告编制的质量和效率，完善水电工程全过程造价管理体系，开展了《水电工程执行概算编制导则》《水电工程完工总结算报告编制导则》两项行业标准制定工作。

两项标准分别规定了水电工程（含抽水蓄能电站）完工总结算、执行概算的项目划分、编制原则、编制方法和工作内容，充分考虑了近年来国家有关政策法规的调整、水电工程施工和建设管理的实际情况，并与国内相关标准相衔接，可操作性强，对规范水电工程执行概算和完工总结算报告编制具有重要作用。

（3）《水电工程对外投资项目造价编制导则》

为了更好地反映水电工程对外投资项目造价的实际情况和合理水平，满足水电工程对外投资项目造价编制及控制管理的需要，促进水电工程对外投资项目的健康发展，开展了《水电工程对外投资项目造价编制导则》制定工作。

该项标准规定了水电工程对外投资项目的投资构成、项目划分和造价编制方法，有关内容充分考虑了中国企业境外投资水电工程项目造价成果需求，既吸纳了国内水电工程概（估）算编制的经验，又体现了国际项目特点，尽可能兼容投资不同国家和地区的差异，以最大程度满足对外投资水电工程项目的国内立项审批需要。

5.1.2 风电工程

2023 年风电工程定额标准制定、修订工作动态见表 5.2。

表 5.2　　2023 年风电工程定额标准制定、修订工作动态

序号	标准文号	标准名称	性质	状态
1	NB/T 11377—2023	《风电场工程竣工决算编制导则》	制定	2023 年 12 月 28 日发布，2024 年 6 月 28 日实施
2	NB/T 31011—待定	《陆上风电场工程设计概算编制规定及费用标准》	修订	2023 年已完成工作大纲编制评审，正有序推进中
3	NB/T 31010—待定	《陆上风电场工程概算定额》	修订	
4	NB/T 31009—待定	海上风电场工程设计概算编制规定及费用标准	修订	
5	NB/T 31008—待定	《海上风电场工程概算定额》	修订	
6	待定	《风电场工程项目建设工期定额》	制定	2023 年顺利完成立项任务，目前正按计划陆续启动有关工作
7	待定	《陆上风电场工程升级改造投资编制导则》	制定	

2023 年发布了《风电场工程竣工决算编制导则》NB/T 11377—2023

2023 年发布了《风电场工程竣工决算编制导则》NB/T 11377—2023。

为满足国家政策和风电场工程竣工验收管理要求，统一和规范风电场工程竣工决算编制工作，提高编制质量和效率，完善风电场工程全过程造价管理体系，促进总结建设经验，开展了《风电场工程竣工决算编制导则》NB/T 11377—2023 的制定工作。该导则规定了风电场工程竣工决算的编制方法及组成内容，有关内容保持了风电场工程造价标准体系的连续性和完整性，并与相关的财务办法、会计准则相配套，能够满足竣工验收、资产移交阶段投资文件编制要求。

5.1.3　太阳能发电工程

（1）光伏发电

2023 年未发布光伏发电工程造价类行业标准。2 项行业标准修订工作按计划推进

2023 年末发布光伏发电工程造价类行业标准。2 项行业标准修订工作按计划推进。

为了更好地适应光伏发电工程建设面临的新形势和新情况，确保工程建设的经济合理性和技术可行性，2022 年启动了《光伏发电工程设计概算编制规定及费用标准》《光伏发电工程概算定额》2 项标准修订工作，2023 年内已完成工作大纲编制评审工作，各项标准编制工作目前正按计划有序推进。

（2）光热发电

开展了《太阳能热发电工程概算定额》NB/T 11423—2023 制定工作

2023 年 3 月，国家能源局发布《关于推动光热发电规模化发展有关事项的通知》，标志着中国光热发电进入规模化发展的新阶段。为快速响应市场需要，促进光热发电产业规模化发展，开展了《太阳能热发电工程概算定额》NB/T 11423—2023 制定工作。该标准于 2023 年 12 月 28 日由国家能源局正式批准发布，2024 年 6 月 28 日正式实施。

《太阳能热发电工程概算定额》共包括设备安装工程概算定额、建筑工程概算定额、施工机械台班费定额和费用定额四个部分，适用于槽式、塔式、线性菲涅尔式太阳能热发电厂的新建、改建、扩建工程概（估）算编制，采用其他方式的太阳能热发电工程概（估）算编制可参照使用。《太阳能热发电工程概算定额》涵盖了 5 万 kW、10 万 kW、20 万 kW 三种现阶段典型装机规模的定额内容，与前期已发布的《太阳能热发电厂可行性研究设计概算编制规定》DL/T 5595—2021 和《太阳能热发电厂预可行性研究投资估算编制规定》DL/T 5596—2021 配套使用，基本上可以满足市场对于定额标准的使用需求。

5.2 其他

近年来，国家大力推动团体标准的发展，出台了一系列政策措施，为团体标准的制定和发布提供了良好的环境保障。2022 年 2 月 18 日，国家标准化管理委员会等十七部门联合发布了《关于促进团体标准规范优质发展的意见》（国标委联〔2022〕6 号），分别从提升团体标准组织标准化工作能力，建立以需求为导向的团体标准制定模式，拓宽团体标准推广应用渠道，开展团体标准化良好行为评价，实施团体标准培优计划，促进团体标准化开放合作，完善团体标准发展激励政策，增强团体标准组织合规性意识，加强社会监督和政府监管等方面给出了指导意见。在政策支持和市场需求等多方面推动下，团体标准不断发展，工程造价类团体标准研究制定工作也逐渐兴起。

同时，随着工程造价管理市场化改革的深入推进，企业定额标准也在不断发展。企业定额标准及其体系建设是企业标准化工作的重要内容，也是建筑企业实现精细化管理的内在需要和核心竞争力的重要组成部分。相关成果可为企业提质增效提供有力抓手，同时也将为行业定额标准的编制提供科学、可靠的基础数据，有效助力行业定额标准管理水平提升。

经梳理，2023 年工程造价相关团体标准、企业定额标准有关工作动态如下：

（1）2023 年 3 月 1 日，中国建设工程造价管理协会主编的《建设项目工程总承包计价规范》T/CCEAS 001—2022 正式实施。该规范填补了工程总承包计价规则方面的空白，是自 2016 年住房和城乡建设部印发《关于进一步推进工程总承包发展的若干意见》，2017 年住房和城乡建设部发布国家标准《建设项目工程总承包管理规范》GB 50358—2017，2019 年住房和城乡建设部、国家发展改革委联合印发《房屋建筑和市政基础设施项目工程总承包管理办法》，2020 年住房和城乡建设部、国家市场监管总局制定印发《建设项目工程总承包合同（示范文本）》以来，又一项支持工程总承包落地的重要规范依据。该规范重点提出了不适宜采用工程总承包模式的情形，特别对于"总价"的标准提出了建议，并细化了价格组成，对于在合同履行过程中"总价"变动风险、责任进行了详细规定，在极易引发争议的工程变更、工程签证、价格调差、结算与支付事项中重点规定了发、承包双方的行动规则及后果，同时还新增了调解环节，并采用约定"调解人"的方式快速处理争议问题。

（2）2023 年 7 月，由中国电建集团中南勘测设计研究院有限公司、水电水利规划设计总院有限公司、中储国能（北京）技术有限公司起草的《压缩空气储能电站投资编制导则》T/CSHE 0010—2023 公开征求意见，预计 2024 年中将由中国水力发电工程学会正式发布实施。 该导则对压缩空气储能电站可行性研究阶段投资估算和初步设计阶段设计概算的项目划分、费用构成和编制方法作出了规定，基本确立了压缩空气储能电站项目可行性研究投资估算和初步设计概算编制的基本原则和投资构成，对指导项目投资估算和设计概算的编制，合理确定工程投资，提高投资效益，维护建设各方合法利益，促进压缩空气储能行业健康有序发展，将起到重要的推动作用。

（3）2023 年 12 月 1 日，《建设项目设计概算编审规范》T/CCEAS 005—2023 由中国建设工程造价管理协会批准发布，自 2023 年 12 月 31 日起正式实施。 该规范重点对建设项目设计概算文件的编制办法、表现形式、编制深度等作出了规定，旨在提高建设项目投资效益，合理确定建设项目设计概算额度，合理确定和有效控制工程造价，规范建设项目设计概算文件编制内容和深度。

（4）中国电力建设集团有限公司自 2014 年起即着手研究建立清洁能源工程企业定额标准体系。 先后完成了水电等清洁能源发电工程企业定额、费用标准以及清单计价规范、工期定额、水电工程价差调整规范等企业标准的编制工作，基本形成了横向覆盖水电、风电、光伏发电工程，纵向贯穿定额标准、清单计价规范、调差规范、工期定额的清洁能源发电工程标准体系。 2024 年 2 月，中国电力建设集团有限公司正式发布企业定额标准系列成果。

6 工程造价
热点研究

6.1
数码电子雷管应用下水电工程钻爆工艺消耗量研究

根据国家有关部门关于民用爆炸物品行业安全发展规划及要求，截至 2023 年年底，水电工程建设项目中已全面应用数码电子雷管。 由于数码电子雷管的发展相比传统非电毫秒雷管起步晚，制造技术难度大，生产成本高，价格是传统雷管的近 10 倍，而水电工程建设需要进行大量爆破作业，大量使用数码电子雷管。 雷管的更替使用对水电工程中石方明挖、洞挖的单价成本影响较大，部分项目仅数码电子雷管单价补差变更金额就可高达工程总投资的 1%～2%。

非电毫秒雷管起爆网路中需要的传爆雷管是两种雷管耗量差异的最主要原因。 基于数码电子雷管与非电毫秒雷管爆破的网路连接方式，可推导两种雷管耗量的理论计算公式、数码电子雷管替换非电毫秒雷管调整系数公式，理论分析该调整系数与梯段高度、断面面积、岩石级别的相关性。 在收集水电工程中雷管实际消耗量资料的基础上，构建基于文化遗传算法优化无约束支持向量机的大数据分析模型，计算分析不同工况下雷管调整系数，达到理论计算与大数据分析的相互验证。 通过分析，替换为数码电子雷管后，石方明挖雷管耗量调整系数为 0.67，石方洞挖雷管耗量调整系数为 0.85。

通过相关研究，从耗量和单价上准确掌握水电工程石方明挖、洞挖投资费用，可为水电工程项目前期投资编制与审查，实施阶段变更单价确定与结算，以及造价咨询、审计等工作过程中的钻爆作业相关单价确定提供依据或参考。

6.2
水电工程小断面 TBM 开挖造价分析

TBM 作为一种机械化程度很高的隧洞掘进技术，应用于抽水蓄能电站地下厂房自流排水洞及排水廊道的开挖，从根本上改变了小断面平洞采用钻爆法施工时机械化程度低、通风散烟条件差、施工作业环境差、施工进度慢的问题，在安全、质量等方面较传统钻爆法具有明显优势，在工期方面，开挖掘进效率是钻爆法的 3～4 倍。 经分析，现阶段受抽水蓄能电站地下排水廊道转弯半径小、单条洞线有效掘进长度短、TBM 施工市场竞争不充分等因素影响，TBM 掘进成本较常规钻爆法高出较多，单位延米造价约为钻爆法的 2～3 倍。

未来，随着抽水蓄能电站标准化设计的深入推进，小断面 TBM 应用场景会越来越多，随着 TBM 制造技术更新迭代和规模化应用，TBM 施工成本将会逐步下降，与传统钻爆法的经济性差异将会逐渐缩小。

6.3
信息化数字化应用技术经济分析

近年来，信息化、数字化、智能化技术广泛、深入应用于水电工程建设与运营各环节，对提高水电工程建设智能化水平、运行智慧化水平、管理精细化水平发挥了重要作用。2023年3月28日，国家能源局发布《关于加快推进能源数字化智能化发展的若干意见》(国能发科技〔2023〕27号)，提出加快火电、水电等传统电源数字化设计建造和智能化升级，重点推进包括智慧库坝在内的多元化应用场景试点示范。充分利用信息化数字化技术加快行业转型升级已成为未来水电工程建设的大势所趋。现阶段国内水电工程信息化数字化相关研究更多的还是关注其对工程建设质量、安全和进度的控制，对于信息化数字化应用的技术经济分析相对较少，因此合理确定信息化数字化技术应用的合理成本投入及有效经济产出难度较大。根据初步调研，现阶段信息化数字化应用初期投入高于常规工艺，但在质量、进度、安全、环境、管理等方面的综合效益较显著，例如智能碾压一次达标率较传统碾压工艺提升20%以上，监理旁站及检测人员数量减少50%以上。未来，随着相关技术应用进一步成熟，信息化数字化应用有望进一步降低工程建设成本，提升工程整体经济性。

6.4
人工费价差调整机制研究

随着中国人口出生率逐年降低，人口红利逐渐消失，国内劳动力尤其是水电建筑市场劳动力日渐稀缺；而居民生产、生活消费品价格上涨，生活成本上升，相应也带来了工资收入提升的需求。水电工程建设周期长、投资大，合同约定人工价格和市场实际往往出现偏离，建设后期呈现出大幅上涨趋势。关于人工费价差调整机制的研究成为行业内外所关注的重点问题。在实际工程实践中，人工费的调整约定方式不尽相同，目前水电工程大部分采用价格指数法，建设单位根据公司内部规定及合同约定，结合工程特点、工程所在地劳动力市场水平等因素自主选取价格指数，但并未形成普遍适用的人工费调整指数模型及机制。课题研究对不同行业企业人工费调整方法及指数进行了研究，对当前人工费调整中存在的主要问题进行了深入剖析，提出了能够反映人工工资及劳动生产率变化的人工费调整模型，并结合实际劳务市场价格变化趋势，建立了普遍适用的人工费动态调整指数方法和机制，对合理确定人工费上涨带来的价差调整、减少工程发承包之间的纠纷具有重要参考价值。

7 行业综合管理与服务

7.1
工程造价业务统计分析

水电领域仍为主营业务，
新能源领域较 2022 年大幅
增长
实施阶段业务收入已超过前
期阶段，全过程造价咨询业
务蓬勃发展

2023 年，在抽水蓄能、新能源蓬勃发展带动下，相关企业工程造价业务营业收入也迎来稳步增长并呈现业务多元化发展态势。 水电领域仍为主营业务，新能源领域较 2022 年大幅增长。 实施阶段业务收入已超过前期阶段，全过程造价咨询业务蓬勃发展。 工程造价业务全面覆盖工程建设全过程，业务形态不断延伸拓展。

在传统造价业务之外，全过程造价咨询、工程竣工决算专项验收、项目后评价、执行概算编制、完工总结算编制、合同商务问题咨询，以及"四新技术"施工工效测定与成本分析等研究咨询类业务也在不断拓展延伸，适应行业发展要求。

（1）全过程造价咨询。 全过程工程咨询包括项目的全过程工程项目管理以及投资咨询，勘察、设计、造价咨询，招标代理、监理、运行维护咨询等专业咨询服务。 自 2017 年国务院办公厅发布《关于促进建筑业持续健康发展的意见》（国办发〔2017〕19 号），提出培育全过程工程咨询后，全过程造价咨询在水电及新能源领域的应用也在逐步深化。目前全过程造价咨询工作已在湖北平坦原抽水蓄能电站、甘肃黄龙抽水蓄能电站、湖北江坪河水电站、陕西安康旬阳水电站、湖北团风魏家冲抽水蓄能电站、西藏玉曲河扎拉水电站、大唐木垒老君庙第一风电场100MW 风电项目、中广核新能源新疆南疆大基地巴州若羌 1000MW 风电项目、山西省河津市 50MW 风力发电项目、中电建西北院格尔木 20MW并网光伏发电项目、大唐新能源陕西安塞榆树湾 50MW 风电项目、中广核新疆南疆清洁能源大基地洛浦 1000MW 光伏发电项目等水电、新能源项目中全面展开。 全过程造价咨询可在项目决策、工程建设过程中为建设方提供综合性、跨阶段、一体化的咨询服务，有效控制项目建设成本，全面提升投资效益。

（2）水电工程竣工决算验收。 工程决算验收作为水电工程八项专项验收之一，是水电工程竣工验收的依据和前提。 水电工程在履行审计监督要求的基础上开展竣工决算验收，既是工程建设管理程序的客观要求，也是合理确定项目建设成本、客观与公正地评价项目投资效益，总结项目管理经验，正确评价项目投资效益、建设管理情况，提升企业投资管理水平的内在需求。 2022 年，四川省能源局发布《关于加快推进水电工程竣工验收有关工作的通知》（川能源〔2022〕6 号），要求对已完成机组启动验收投入运行但未完成竣工验收的水电工程，请项目法人按照《水电工程验收管理办法》（2015 年修订版）规定，抓紧开展竣工验收有关工作。 随着抽水蓄能容量电价核价工作的推进，抽水蓄能电站项目业主也愈发重视竣工决算审计及验收工作。在上述因素推动下，2023 年共有 17 座常规水电站及抽水蓄能电站开展了竣工决算验收工作。

（3）项目后评价。近年来，行业主管部门陆续发布可再生能源工程项目后评价有关行业标准，对项目后评价工作进行规范指导，包括《风电场工程后评价规程》NB/T 10109—2018、《光伏发电站设备后评价规程》NB/T 32041—2018、《水电工程后评价技术导则》NB/T 11178—2023 等。在行业标准及投资方需求推动下，新能源项目后评价业务逐步兴起并广泛开展起来。新能源项目后评价业务内容主要包括：在收集项目前期、实施、验收、试运投产期、项目效果效益等资料的基础上，通过统计法、预测法、对比分析法、逻辑框架法、成功度评价法等方法，对项目实施与运行管理、项目效果和效益、项目环境和社会效益、项目目标和可持续性等进行充分剖析和评价，总结经验教训，提出对策建议，进一步改善投资管理和决策水平，达到提高投资项目质量效益的目的，对在建、拟建新能源项目及未来项目投资决策具有重要参考和指导作用。

（4）合同商务问题咨询。2020—2022 年，受新冠肺炎疫情冲击及市场环境变化影响，可再生能源发电工程特别是抽水蓄能电站建设过程中出现施工降效、材料供应短缺、工资上涨等问题，对施工进度、合同管理均产生较大影响，单个项目涉及的施工降效、进度纠偏费用、人工及材料调差、施工爆破等费用补偿额度达到数亿元。发承包双方就上述费用补偿产生纠纷，未能及时完成过程结算，部分项目影响了正常的施工进度。为合理解决上述费用补偿处理问题、保障发承包双方合法权益、顺利推进项目建设，部分抽水蓄能项目建设单位将电站疫情期间商务问题咨询工作外委，通过第三方咨询机构介入，提出合理的费用补偿处理原则及费用计算方法，合理解决双方争议。

7.2 企业信用评价

市场经济是信用经济，信用是企业在激烈的市场竞争中生存和发展的基础。一套成熟完善的诚信评价体系可以引导企业自觉遵守行业规则，并提高其诚信水平；信用评价的结果可用于企业承接业务、企业宣传、办理执业保险等，有利于提升工程造价咨询企业的社会形象和业务推广。

为贯彻落实国务院、住房和城乡建设部关于社会信用体系建设的工作部署，指导和规范工程造价咨询业开展信用评价工作，推进工程造价咨询行业信用体系建设，完善行业自律机制，促进工程造价行业健康发展，中国建设工程造价管理协会于 2016 年全面启动全国范围内信用评价工作。 根据相关管理办法，工程造价咨询企业信用等级分为 AAA、AA、A、B、C 三等五级。 其中 AAA 表示信用很好、履约能力很强，C 表示信用一般、履约能力较弱。

2023 年，可再生能源定额站组织可再生能源行业造价咨询企业参加了全国工程造价信用评价工作，目前可再生能源行业共有 13 家单位被评定为 AAA 级信用企业。 信用评价工作的开展，有利于推进工程造价咨询行业信用体系建设，完善行业自律机制，提高行业社会公信力，促进行业健康发展。

7.3 注册造价工程师管理

造价工程师属于国家职业资格目录中的准入类资格。 受住房和城乡建设部委托，可再生能源定额站负责可再生能源行业全国注册造价师资质管理工作，其中包括办理初始注册、延续注册、转入、单位变更和重要信息变更等手续，并积极配合中国建设工程造价管理协会开展继续教育。

从工作年限来看，可再生能源领域一级注册造价工程师工作经验较为丰富，工作年限在 10 年（含）以上、20 年以下的一级造价工程师占比最高，达到 49.6%；其次为 5 年（含）以上、10 年以下区间，占比为 28.2%；工作年限在 20 年及以上的，占比为 19.8%；工作年限在 5 年以下的，占比最低，为 2.4%，详见图 7.1。

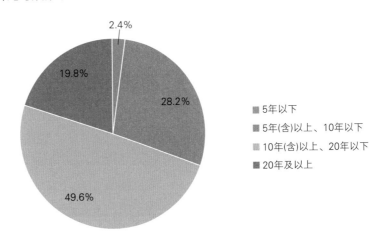

图 7.1　可再生能源领域一级注册造价工程师中
不同工作年限占比

从职称分布来看，可再生能源领域一级注册造价工程师专业技术水平较高，其中具有高级职称的一级造价工程师占比达到 47.9%，中级职称占比为 41.2%，中、高级职称造价工程师合计占比接近 90%，详见图7.2。

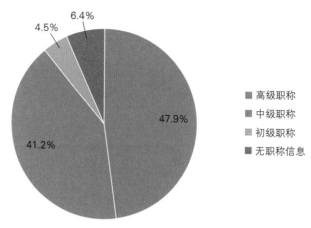

图 7.2　可再生能源领域一级注册造价工程师中
不同职称类型占比

2023 年，可再生能源定额站共完成约 900 人次各种类型注册管理工作。相关工作的开展，对加强注册造价工程师管理、规范执业行为、提高工程造价质量水平发挥了重要推动作用。

7.4 造价专业人员能力水平评价

随着"双碳"目标持续推进，抽水蓄能、新能源近年来呈现蓬勃发展态势，对行业人才发展体制机制也提出了新的要求。 2018 年 2 月，中共中央办公厅、国务院办公厅印发了《关于分类推进人才评价机制改革的指导意见》（中办发〔2018〕6 号），指出人才评价是人才发展体制机制的重要组成部分，应健全市场化、社会化的管理服务体系，发挥市场、社会等多元评价主体作用，积极培育发展各类人才评价社会组织和专业机构，逐步有序承接政府转移的人才评价职能。

为了适应可再生能源工程建设管理需要，加强可再生能源工程造价人员管理，建立科学的工程造价专业人才分类评价机制，树立正确用人导向，推动工程造价专业人才队伍建设，提高造价人员能力和水平，根据《关于分类推进人才评价机制改革的指导意见》（中办发〔2018〕6号）、《可再生能源发电工程定额和造价工作管理办法》（发改办能源〔2008〕649 号），可再生能源定额站在广泛征求意见的基础上制定并发布了《可再生能源工程造价人员专业技术能力评价管理办法》。 在此基础上，2023 年开展了两期水电和三期新能源工程造价人员专业技术能力评价笔试测评，共 587 人通过测评。

7.5 造价专业培训

随着可再生能源产业的蓬勃发展，可再生能源行业造价咨询从业人员数量逐步增加，整体素质也在不断提升。 但与可再生能源发展需求相比，人员数量仍显紧缺。 同时，造价管理覆盖业务范围较广，从业人员不仅从事造价文件编制工作，还兼顾投资决策、招投标、合同管理等其他业务，对人员的综合素质也提出了更高的要求。

　　近年来，可再生能源定额站结合行业需求，持续组织开展系列培训活动，为水电、新能源行业培养并推送了大量造价领域专业人才，其中水电行业已培养 12000 余名造价专业人才，新能源行业已培养 1000 余名造价专业人才。2023 年可再生能源定额站顺利举办全国第八十六期和第八十七期水电工程造价培训班以及三期新能源工程造价培训班，全年共 800 余人参加培训。

　　面对行业新形势，培训班授课内容也在不断与时俱进、开拓创新。造价从业人员不断适应岗位需求，持续加强学习，夯实业务能力，为项目决策提供准确合理的经济性分析，为可再生能源行业的创新和发展提供强有力的专业支撑。

8 发展展望

（1）能源产业融合发展将加速推进，整体经济性有望进一步提升

构建以新能源为主体的新型能源体系，将加速推进各类能源开发利用的技术融合，如水风光互补、新能源＋储能、新能源＋制氢、光伏＋光热等。相关技术融合也将推动能源产业融合发展，并开创新的商业应用模式，为经济发展注入新的活力。

能源产业的融合发展，一方面将从整体层面推动能源产业布局，有效避免各种能源系统重复建设，提高资源利用效率，实现各种能源系统协调运行，降低系统运行成本；另一方面又将扩大行业规模，通过规模效应及施工建设、运行维护等方面的经验提升，从而提高整个行业的经济性。

（2）行业监管日趋严格，对工程计价体系要求日益提升

党的十八大以来，党中央、国务院大力推进简政放权、放管结合、优化服务改革，政府投资管理工作重心逐步从事前审批转向过程服务和事中事后监管。政府对项目投资的精准预测和有效管理，对资源更高效、更高质量的开发利用，离不开定额标准基础工作的加强、计价方式的改进和市场交易过程的规范，以及在此基础上对工程计价体系的调整和完善。

同时，可再生能源工程作为以国有资金投资为主的经济性基础设施产业，特别是一些大型项目，还存在直接使用政府资金的情况，为了保障国有资金的合规使用和投资效益，对可再生能源工程开展专项审计或稽查，是政府加强事中、事后监管的有力措施，而经审批的设计概算、行业定额标准都是监管过程的重要依据。

另外，根据 633 号文，核准概算、经审计的竣工决算分别是核定抽水蓄能电站临时容量电价和正式容量电价的重要参数。核准概算、竣工决算编制的准确性、合规性离不开计价依据的支撑；成本监审工作的开展也需要完善的计价体系提供评价标准。

行业监管的日趋严格，对工程计价体系提出了更高的要求，一方面要顺应招投标及建设阶段"放管服"的深化改革方向，赋予企业自主决策的自由，另一方面又能对工程计价行为形成一定的约束，满足监管需求。

（3）定额标准纵深化、多元化发展，企业定额标准将发挥更加重要的作用

随着新能源项目规模化蓬勃发展，行业定额标准将进一步向纵深化、多元化发展，建立科学、完整的可再生能源工程全生命周期造价管理及定额标准体系，针对新材料、新设备、新工艺、新技术广泛深入应用，逐步探索定额标准全面修订和局部修订相结合的动态调整机制，及时修订不符合市场实际的内容，提高定额标准时效性。

同时，随着工程造价管理市场化改革的深入推进，在建立与市场经济相适应的工程造价管理体系的客观要求下，市场对团体标准、企业标准的需求将愈趋强烈，企业定额标准也将在相关造价管理工作中发挥更加重要的作用。

（4）工程造价管理逐渐向信息化、智能化方向迈进，数字化技术应用前景广阔

近年来，云计算、大数据、移动互联及物联网、人工智能等信息化服务技术、信息处理技术和通信技术不断发展和日渐完善，信息化加速向互联化、移动化、智慧化方向演进，以信息经济、智能工业、网络社会、在线政府、数字生活为主要特征的高度信息化社会将引领中国迈入转型发展新时代。

随着大数据、云计算、人工智能等技术的不断发展，工程造价管理工作也在逐渐向信息化、智能化方向迈进。借助数字化技术的应用，可以更为高效地积累、分析和应用工程要素市场价格信息，推动工程造价管理向市场化方向发展；依托智能感知技术，探索改进传统定额测算方法，实现智能建造技术应用场景下定额测定工作的信息化、动态化及智能化；结合人工智能、深度学习、语义计算等技术，实现智能计价、智慧预测，提升工程造价管理工作效率及分析决策能力。

（5）全过程造价咨询将迎来新的发展机遇，为工程投资管控赋能加力

随着水电、新能源及其他新型能源工程的蓬勃发展，许多建设管理单位相继参与到可再生能源工程项目的投资建设中，针对目前能源建设项目体量庞大，项目数量及种类多等特点，建设单位造价管理工作对现场专业技术人员数量及技术水平将提出更高要求。全过程造价咨询能

够为建设单位提供工程建设全过程造价管理及投资管控服务，指导建设单位投资决策，解决项目管理过程中由于专业技术人员不足而引起的造价管控问题。　全过程造价咨询将迎来新的发展机遇，为工程投资管控赋能加力。

附录

附录 1　水电工程造价类技术标准体系表

水电工程造价类技术标准体系表

序号	标准/文件名称	标准编号/文号	效力状态	制修订状态
1	水电工程投资匡算编制规定	NB/T 35030—2014	有效	修订中
2	水电工程投资估算编制规定	NB/T 35034—2014	有效	修订中
3	水电工程设计概算编制规定（2013 年版）	国能新能〔2014〕359 号	有效	2023 年 12 月 28 日以能源行业标准形式发布，2024 年 6 月 28 日实施。标准号分别为：NB/T 11408—2023、NB/T 11409—2023、NB/T 11410—2023
4	水电工程费用构成及概（估）算费用标准（2013 年版）	国能新能〔2014〕359 号	有效	
5	抽水蓄能电站投资编制细则	NB/T 11410—2023	待生效	
6	水电建筑工程概算定额（2007 年版）	发改办能源〔2008〕1250 号	有效	修订中，将以能源行业标准形式发布
7	水电设备安装工程概算定额（2003 年版）	国家经贸委公告 2003 年第 38 号	有效	
8	水电工程施工机械台时费定额（2004 年版）	水电规造价〔2004〕0028 号	有效	
9	水电建筑工程预算定额（2004 年版）	水电规造价〔2004〕0028 号	有效	
10	水电设备安装工程预算定额（2003 年版）	中电联技经〔2003〕87 号	有效	
11	水电工程安全监测系统专项投资编制细则	NB/T 35031—2014	有效	修订中
12	水电工程环境保护专项投资编制细则	NB/T 35033—2014	有效	修订中
13	水电工程水土保持专项投资编制细则	NB/T 35072—2015	有效	修订中
14	水电工程水文测报和泥沙监测专项投资编制细则	NB/T 35073—2015	有效	

续表

序号	标准/文件名称	标准编号/文号	效力状态	制修订状态
15	水电工程勘察设计费计算标准	NB/T 10968—2022	有效	
16	水电工程安全设施及应急专项投资编制细则			制定中
17	水电工程信息化数字化专项投资编制细则			制定中
18	水电工程消防专项投资编制细则			拟编
19	水电工程地震监测专项投资编制细则			拟编
20	水电工程对外投资项目造价编制导则	NB/T 11172—2023	有效	
21	水电工程工程量清单计价规范（2010 年版）	国能新能〔2010〕214 号	有效	
22	水电工程施工招标和合同文件示范文本（2010 年版）	国能新能〔2010〕214 号	有效	
23	水电工程设计工程量计算规定（2010 年版）	国能新能〔2010〕214 号	有效	修订中，将以能源行业标准形式发布
24	水电工程分标概算编制规定	NB/T 35106—2017	有效	
25	水电工程招标设计概算编制规定	NB/T 35107—2017	有效	
26	水电工程执行概算编制导则	NB/T 11324—2023	有效	
27	水电工程完工总结算报告编制导则	NB/T 11323—2023	有效	2023 年 10 月 11 日发布，2024 年 4 月 11 日实施
28	水电工程调整概算编制规定	NB/T 35032—2014	有效	
29	水电工程竣工决算报告编制规定	NB/T 10145—2019	有效	

续表

序号	标准/文件名称	标准编号/文号	效力状态	制修订状态
30	水电工程竣工决算专项验收规程	NB/T 10146—2019	有效	
31	抽水蓄能电站设备检修工程预算编制规定与计算标准（试行）		有效	
32	抽水蓄能电站设备检修定额（试行）		有效	
33	水电工程信息分类与编码第 10 部分：造价			2023 年 11 月通过审查，计划 2024 年上半年报批
34	水电工程施工资源消耗量测定及成果编制导则			制定中

附录 2 风电工程造价类行业标准汇总表

风电工程造价类行业标准汇总表

序号	标准/文件名称	标准编号/文号	效力状态	制修订状态
1	陆上风电场工程设计概算编制规定及费用标准	NB/T 31011—2019	有效	修订中
2	陆上风电场工程概算定额	NB/T 31010—2019	有效	
3	海上风电场工程设计概算编制规定及费用标准	NB/T 31009—2019	有效	修订中
4	海上风电场工程概算定额	NB/T 31008—2019	有效	
5	陆上风电场工程工程量清单计价规范	NB/T 11000—2022	有效	
6	海上风电场工程工程量清单计价规范	NB/T 10999—2022	有效	
7	风电场工程竣工决算编制导则	NB/T 11377—2023	待生效	2023 年 12 月 28 日发布，2024 年 6 月 28 日实施
8	陆上风电场工程升级改造投资编制导则			制定中
9	风电场工程项目建设工期定额			制定中

附录 3 光伏发电工程造价类行业标准汇总表

序号	标准/文件名称	标准编号/文号	效力状态	制修订状态
	光伏发电工程造价类行业标准汇总表			
1	光伏发电工程设计概算编制规定及费用标准	NB/T 32027—2016	有效	修订中
2	光伏发电工程概算定额	NB/T 32035—2016	有效	修订中
3	光伏发电工程勘察设计收费标准	NB/T 32030—2016	有效	
4	光伏发电工程工程量清单计价规范	NB/T 11017—2022	有效	

附录 4 太阳能热发电工程造价类行业标准汇总表

太阳能热发电工程造价类行业标准汇总表

序号	标准/文件名称	标准编号/文号	效力状态	制修订状态
1	太阳能热发电厂可行性研究设计概算编制规定	DL/T 5595—2021	有效	
2	太阳能热发电厂预可行性研究投资估算编制规定	DL/T 5596—2021	有效	
3	太阳能热发电工程概算定额	NB/T 11423—2023	待生效	2023 年 12 月 28 日发布，2024 年 6 月 28 日实施

附录 5　有关政策法规摘录

有关政策法规汇总表

序号	时间	发文机关	文件名	政策要点
1. 大力推进降低实体经济企业成本，助推实体经济恢复壮大				
(1)	2023 年 1 月	国家发展改革委等部门	《关于完善招标投标交易担保制度进一步降低招标投标交易成本的通知》（发改法规〔2023〕27 号）	对标党中央关于深化招标投标改革创新的部署要求，紧盯当前招标投标交易担保领域的突出问题，围绕完善招标投标交易担保制度、降低招标投标交易成本、促进招标投标活动更加规范高效，提出严格规范招标投标交易担保行为、全面推广保函（保险）、规范保证金收取和退还、清理历史沉淀保证金、鼓励减免政府投资项目投标保证金、鼓励实行差异化缴纳投标保证金、加快完善招标投标交易担保服务体系等 7 方面具体政策措施
(2)	2023 年 5 月	国家发展改革委等部门	《关于做好 2023 年降成本重点工作的通知》（发改运行〔2023〕645 号）	对降成本重点工作作出部署。通知全文从八个方面共二十二条内容展开，涵盖高新技术业、服务业、工业、物流业等多个行业，包括税收优惠、金融服务、制度性交易成本、用地及原材料成本、物流成本等内容，大力推进降低实体经济企业成本，支持经营主体纾困发展，助力经济运行整体好转
2. 加快建设全国统一大市场，营造公平竞争市场环境				
(1)	2023 年 1 月	国家发展改革委	《关于在部分地方公共资源交易平台和企业招标采购平台试运行招标投标领域数字证书跨区域兼容互认功能的通知》（发改办法规〔2023〕54 号）	宣布即日起在北京市公共资源交易平台、上海市公共资源交易平台、华能电子商务平台等 13 家地方公共资源交易平台和企业招标采购平台试运行招标投标领域数字证书跨区域兼容互认功能，并提出加大网络共享数字证书应用宣传推广力度、强化网络共享数字证书运行服务保障、持续拓展网络共享数字证书适用范围、认真做好标准优化和经验总结等四项要求

续表

序号	时间	发文机关	文件名	政策要点
(2)	2023 年 7 月	市场监管总局等部门	《关于开展妨碍统一市场和公平竞争的政策措施清理工作的通知》（国市监竞协发〔2023〕53 号）	重点清理妨碍建设全国统一大市场和公平竞争的各种规定和做法，主要包括：妨碍市场准入和退出、妨碍商品和要素自由流动、影响生产经营成本、影响生产经营行为等政策措施
(3)	2023 年 7 月	国家发展改革委等部门	《关于开展工程建设招标投标领域突出问题专项治理的通知》（发改办法规〔2023〕567 号）	聚焦 2023 年 1 月 1 日以来启动实施的依法必须进行招标的工程建设项目，核查项目在编制资格预审文件和招标文件、收取投标保证金、组织评标、处理异议和投诉等招标投标全过程中是否存在违法违规情形，重点治理所有制歧视、地方保护等不合理限制，严重扰乱市场秩序的违法招标投标活动，招标投标交易服务供给不足，监管执法机制存在明显短板等问题
(4)	2023 年 8 月	工业和信息化部等部门	《关于支持首台（套）重大技术装备平等参与企业招标投标活动的指导意见》（工信部联重装〔2023〕127 号）	《指导意见》紧紧围绕首台（套）招标投标过程中用户不愿用、规定待细化等问题，以推动首台（套）平等参与投标竞争为目标，结合行业实际和招标投标特点，提出针对性的政策措施；新增试用范围、技术指标、市场业绩、数据安全等具体要求，进一步细化相关措施；在《中华人民共和国招标投标法》等法律法规及 WTO 等国际规则框架下，吸收各相关部门、地方招标投标监管的经验做法，进一步完善招标要求，在合法合规的基础上适度创新
(5)	2023 年 10 月	国家发展改革委	《关于规范招标投标领域信用评价应用的通知》（发改办财金〔2023〕860 号）	充分贯彻党中央关于统一大市场建设的战略部署，针对招标投标领域存在的突出问题，明确要求各地不能以信用评价方式变相设立壁垒，立足问题导向推动招标投标领域改革创新
(6)	2023 年 11 月	最高人民检察院	检察机关依法惩治串通招投标犯罪典型案例	该批案例揭露常见串通招投标犯罪类型，旨在警示教育招投标市场主体，预防招投标领域犯罪发生。该批典型案例有三个特点：一是充分体现检察机关依法惩治招标投标领域犯罪、能动履行法律监督职能；二是深刻揭示串通招投标犯罪的行为模式和主要类型；三是全面贯彻宽严相济刑事政策，坚持该严则严、当宽则宽

序号	时间	发文机关	文 件 名	政 策 要 点
3. 发布司法解释，进一步明确建设工程合同纠纷案件处理规则				
(1)	2023 年 12 月	最高人民法院	《合同编通则司法解释》（法释〔2023〕13 号）	《合同编通则司法解释》共计 69 条，主要从合同订立、合同效力、违约责任等方面对《中华人民共和国民法典》合同编通则的相关条款进行了解释与规定，进一步明确了格式条款的认定标准、格式条款提供方的提示、说明义务的履行标准等内容。《中华人民共和国合同法》实施期间，最高人民法院曾出台多部建设工程相关司法解释提供审判指引。《中华人民共和国民法典》出台后，最高人民法院将原司法解释废止，同时公布了《最高人民法院关于审理建设工程施工合同纠纷案件适用法律问题的解释（一）》作为办理建设工程合同纠纷案件的裁判指引。考虑到建设工程合同纠纷争议多、案情复杂、涉及面广的特点，仍有部分亟须规范性指引。本次《合同编通则司法解释》从合同规则整体出发，进一步明确了建设工程合同纠纷案件的处理规则
4. 聚焦重点领域，支持民间资本参与重大项目				
(1)	2023 年 7 月	国家发展改革委	《关于进一步抓好抓实促进民间投资工作努力调动民间投资积极性的通知》（发改投资〔2023〕1004 号）	明确将在交通、水利、清洁能源、新型基础设施、先进制造业、现代设施农业等领域中，选择一批市场空间大、发展潜力强、符合国家重大战略和产业政策要求、有利于推动高质量发展的细分行业，鼓励民间资本积极参与；组织梳理相关细分行业的发展规划、产业政策、投资管理要求、财政金融支持政策等，向社会公开发布，帮助民营企业更好进行投资决策
5. 修订投资管理有关规章和行政规范性文件，维护投资管理法规制度体系的统一性和协调性				
(1)	2023 年 3 月	国家发展改革委	《关于修订投资管理有关规章和行政规范性文件的决定》	为贯彻党中央、国务院决策部署，更好保障投资高质量发展，根据《政府投资条例》《企业投资项目核准和备案管理条例》等相关规定，公布《关于修订投资管理有关规章和行政规范性文件的决定》，对投资管理有关部门规章、行政规范性文件予以修订

附 录 6 区 域 划 分 表

本报告中各区域包含范围见下表。

区 域 划 分 表

编 号	区 域 名 称	范 围
1	华北地区	北京、天津、河北、山西、山东、内蒙古西部地区
2	东北地区	辽宁、吉林、黑龙江、内蒙古东部地区
3	华东地区	上海、江苏、浙江、安徽、福建
4	华中地区	河南、湖北、湖南、江西
5	西北地区	陕西、甘肃、青海、宁夏、新疆
6	南方地区	广东、广西、云南、贵州、海南
7	西南地区	重庆、四川、西藏

声　明

　　本报告内容未经许可，任何单位和个人不得以任何形式复制、转载。

　　本报告相关内容、数据及观点仅供参考，不构成投资等决策依据，水电水利规划设计总院（可再生能源定额站）不对因使用本报告内容导致的损失承担任何责任。

　　如无特别注明，本报告各项中国统计数据不包含香港特别行政区、澳门特别行政区和台湾省的数据。 部分数据因四舍五入的原因，存在总计与分项合计不等的情况。

　　本报告部分数据引自国家统计局，国家能源局，中国电力企业联合会，江苏、昆明、四川电力交易中心等单位发布的数据，以及中华人民共和国 2023 年国民经济和社会发展统计公报、2023 年全国电力工业统计数据、中国可再生能源发展报告等统计数据报告，在此一并致谢！